AF546200

Paul Westrich

WILDBIENEN

Die *anderen* Bienen

Inhalt

Ein Weibchen der grün schillernden Dünen-Furchenbiene (*Halictus leucaheneus*) sammelt Pollen an Echtem Johanniskraut (*Hypericum perforatum*).

Vorwort

Die Liebe zur Natur habe ich meinem Großvater zu verdanken, der mich schon als Kind auf seinen Spaziergängen mitgenommen und mir besonders einprägsame „Geschichten aus dem Wald" erzählt hat. Als Jugendlicher erkundete ich voller Enthusiasmus die Tierwelt meiner Heimat und interessierte mich mehr und mehr auch für Pflanzen. Es ist daher nicht verwunderlich, dass ich mich später entschloss, Biologie zu studieren. Ganz entscheidend für mein Leben aber war eine Exkursion nach Südfrankreich im Juni 1974, auf der mich ein in Naturkunde äußerst bewanderter Hochschullehrer für Wildbienen begeisterte. Diese bis ins Detail kennenzulernen und ihre Lebensweise zu erforschen, dafür bot mir Jahre später meine Doktorarbeit reichlich Gelegenheit. Seit mehr als 50 Jahren beschäftige ich mich also schon mit Wildbienen. Nach wie vor faszinieren mich diese Hautflügler und ihr Verhalten und meine Neugier, Unbekanntes zu erkunden, ist ungebrochen.

Aus dem Fundus der auf zahllosen Exkursionen, auf Reisen in die Nachbarländer und in den Mittelmeerraum entstandenen Fotos habe ich die besten und schönsten Aufnahmen für dieses Buch ausgewählt. Sie sollen Staunen wecken und für diese Insektengruppe begeistern. Auch wenn die Digitalisierung vieles erleichtert und kostengünstiger gemacht hat, braucht man beim Fotografieren von Wildbienen immer noch Ausdauer und Geduld und oft auch Glück. Bereit zu sein, stundenlang an einem Nistplatz auszuharren, um im richtigen Augenblick den Eintrag von Baumaterial oder Pollen im Bild festhalten zu können, ist eine der Voraussetzungen für gute Aufnahmen. Auf diese Weise haben viele der hier präsentierten Bilder ihre ganz eigene, für mich unvergessliche Entstehungsgeschichte.

Natürlich kann dieses Buch mein Werk „Die Wildbienen Deutschlands" nicht ersetzen. Es soll auch kein Naturführer im üblichen Sinne sein mit dem Hauptziel der Bestimmung. Dessen ungeachtet können die im Buch abgebildeten 120 Arten helfen, bei detailgenauem Vergleich die Biene auch auf dem eigenen Foto zu erkennen. Meine Intention ist vielmehr, in der ersten Hälfte dieses Buchs darzustellen, wie unterschiedlich Wildbienen aussehen, wann und wo wir sie finden und wie vielfältig ihre Lebensweisen, ihr Brutfürsorgeverhalten und ihre Blütenbeziehungen sind. Wildbienen aus nächster Nähe auf Blüten oder beim Nisten kennenzulernen, zu beobachten und gleichzeitig zu fördern, dazu sollen die unterschiedlichen Methoden und Maßnahmen anregen, die im praxisbezogenen Teil des Buchs reich illustriert dargestellt sind. Wer sich an meine Ratschläge hält, dem garantiere ich Besiedlungserfolg und die Entdeckung einer unbekannten Welt.

Leider kursieren im Internet, aber auch in manchen Büchern, immer noch untaugliche Empfehlungen zur Förderung von Wildbienen. Deshalb sei mir am Ende des praktischen Teils erlaubt aufzuzeigen, welche Fehler wie zu vermeiden sind.

Das Studium der Natur war für mich immer untrennbar mit dem Anliegen verknüpft, sich für ihren Schutz einzusetzen. Meine Hoffnung ist: Wer durch eigene Beobachtungen an Wildbienen Freude hat, wird sich wahrscheinlich auch für ihren Schutz einsetzen und verstehen, warum auch außerhalb der Dörfer und Städte Erhaltungsmaßnahmen notwendig sind, beispielsweise durch den Schutz und die Pflege ihrer Lebensräume in und außerhalb von Naturschutzgebieten oder durch Hilfsprogramme für seltene oder gefährdete Arten.

Ich danke allen, die mich mit Informationen über Bienenvorkommen unterstützt oder mit mir gemeinsam Fundorte aufgesucht oder meine Arbeit in anderer Weise gefördert haben. Besonderer Dank gilt Hans-Jürgen Martin (Solingen), der das Manuskript kritisch gelesen und mir hilfreiche Hinweise zum Text gegeben hat. Ich danke dem Verlag Eugen Ulmer für die Herausgabe dieser überarbeiteten und deutlich erweiterten Neuauflage mit ihrer exzellenten Ausstattung und ganz besonders Frau Ina Vetter, Frau Birgit Heyny und Herrn Ulf Müller für die gute Zusammenarbeit. Meine Frau Lucia hat mich auf unzähligen Exkursionen begleitet, mich auf manches Bienennest aufmerksam gemacht und ist meiner Forscherleidenschaft stets mit großer Liebe und Toleranz begegnet. Ihr ist dieses Buch gewidmet.

Paul Westrich

Ein Weibchen der Fuchsroten Sandbiene (*Andrena fulva*) beim Besuch der Blüten der Roten Johannisbeere (*Ribes rubrum*), die gleichzeitig von dieser auffälligen, leicht zu erkennenden Wildbienenart bestäubt werden.

Die *anderen* Bienen

In gleicher Weise, wie man Wildpflanzen von Nutzpflanzen unterscheidet, werden alle wildlebenden Bienenarten als Wildbienen bezeichnet. Denn es gibt auch Nutzbienen, die für die Gewinnung von Honig und Wachs oder für die Bestäubung von Nutzpflanzen vermehrt und gezielt eingesetzt werden. Die bekannteste Nutzbiene ist die Honigbiene des Imkers.

Den Begriff „Biene“ verbinden die meisten Menschen mit der Honigbiene (*Apis mellifera*), dem bekanntesten Insekt überhaupt. Die landläufige Vorstellung von Bienen wird immer noch derart von der Honigbiene bestimmt, dass es vielen Menschen schwerfällt, außer ihr auch noch andere Insekten als Bienen zu bezeichnen. Tatsächlich aber ist die Hausbiene des Imkers nur eine von rund 600 allein in Deutschland nachgewiesenen Bienenarten, von mehr als 630 Arten in der Schweiz und von über 700 Arten in Österreich. Weltweit sind bislang über 20 000 Arten beschrieben und benannt worden. Da immer wieder neue Arten entdeckt werden, dürfte die tatsächliche Zahl der Bienenarten auf der Erde noch weitaus größer sein.

Schon im Jahr 1791 hat der Pfarrer und Insektenkundler Johann Ludwig Christ in seinem großen Werk „Naturgeschichte, Klassification und Nomenclatur der Insekten vom Bienen, Wespen und Ameisengeschlecht“ den Begriff „wilde Bienen“ gebraucht. Wortwörtlich schreibt Christ: *„Es gibt nur eine Art von zamen oder Honigbienen, aber gar viele Arten dieses Geschlechts von wilden Bienen, die also genennet werden, weil sie in keine so gesellschaftliche Verfassung wie iene können gebracht werden, wenigstens nicht zu einem beträchtlichen Nuzzen bisher gebracht worden, sondern nur gleichsam wild, ihrem Schicksal überlassen, one unsere Aufsicht, meistens auch nur einsam leben und ihre Haushaltung füren, zum Bienengeschlecht aber gehören, weil sie mit ienen teils in dem Bau ihrer Glieder, teils in ihrer Natur, Fortpflanzung und Lebensart näher oder entfernter übereinkommen.“*

Eine Arbeiterin der Honigbiene (*Apis mellifera*) beim Sammeln von Pollen an der Heidelbeere (*Vaccinium myrtillus*).

Es sind also diese anderen, fast durchweg wildlebenden Bienen, die im Mittelpunkt dieses Buches stehen. Zu ihnen zählen Seiden- und Maskenbienen, Sandbienen, Furchen- und Schmalbienen, Mauerbienen, Woll- und Harzbienen, Pelzbienen und nicht zuletzt die allgemeiner bekannten Hummeln, die mit der Honigbiene näher verwandt sind als andere Bienen. In einem Punkt können die heimischen Wildbienen die Honigbiene nicht ersetzen: Sie produzieren keinen Honig. Stattdessen haben sie aber eine lange weit unterschätzte Bedeutung als Bestäuber von Wild- und Nutzpflanzen. Nicht zuletzt aus diesem Grund hat sie der Gesetzgeber bereits 1980 unter besonderen, unverändert geltenden Schutz gestellt. Ihre Erhaltung und Förderung liegt daher in unser aller Interesse.

Große Vielfalt an Farben und Formen

Die auf dieser und der folgenden Seite gezeigten Vertreter verschiedener Bienengattungen belegen eindrucksvoll die außerordentlich bunte Vielfalt der Wildbienen.

Große Keulhornbiene (*Ceratina chalybea*) ♀

Pracht-Trauerbiene (*Melecta luctuosa*) ♀

Luzerne-Blattschneiderbiene (*Megachile rotundata*) ♀

Spalten-Wollbiene (*Anthidium oblongatum*) ♀

Filz-Furchenbiene (*Halictus pollinosus*) ♀

Bunthummel (*Bombus sylvarum*) ♀

Rainfarn-Seidenbiene (*Colletes similis*) ♀

Gestreifte Pelzbiene (*Anthophora aestivalis*) ♀

Gewöhnliche Maskenbiene (*Hylaeus communis*) ♀

Weißbrust-Sandbiene (*Andrena gravida*) ♀

Berg-Zottelbiene (*Panurgus banksianus*) ♀

Auen-Buckelbiene (*Sphecodes albilabris*) ♀

Wildbienen erkennen

Die enorme Vielfalt der Wildbienen im Hinblick auf Größe, Farbe und Behaarung, die Existenz von Männchen und Weibchen sowie die äußerliche Ähnlichkeit mit anderen Insekten erschweren verständlicherweise dem Anfänger die Klärung, ob ein Insekt, das er z.B. auf einer Blüte entdeckt hat, eine Wildbiene ist oder nicht. Sehr häufig werden Wildbienen auch mit Honigbienen verwechselt. Für letztere sind abstehende Haare auf den Komplexaugen (Facettenaugen) typisch, die es sonst nur bei den Kegelbienen (*Coelioxys*) gibt. Der Honigbiene fehlt außerdem der Sporn an den Schienen der Hinterbeine, den alle anderen heimischen Bienenarten aufweisen. Regelmäßig werden auch Schwebfliegen mit Wildbienen verwechselt. Fliegen besitzen jedoch nur zwei statt vier häutige Flügel und viel kürzere Fühler. Auch manche Grabwespen ähneln in Gestalt und Färbung bestimmten Wildbienen, insbesondere Wespenbienen (*Nomada*). Selbst bei dem einen oder anderen Käfer glauben manche Menschen, es handele sich um eine Wildbiene.

Diese Mistbiene (*Eristalis tenax*) genannte Schwebfliege ähnelt einer Honigbiene und entwickelt sich in Jauche. Fliegen haben jedoch nur zwei häutige Flügel und einen völlig anderen Fühlerbau.

Wegen ihrer Behaarung und Färbung sind manche Schwebfliegen wie diese *Volucella bombylans* bestimmten Hummelarten täuschend ähnlich.

Der Pinselkäfer (*Trichius fasciatus*) erinnert an eine Biene, weswegen er im Englischen auch bee beetle (Bienenkäfer) heißt.

Diese Grabwespe (*Lestica alata*) ähnelt in ihrer Färbung einer Wespenbiene. Sie versorgt ihre Brutzellen mit erbeuteten Schmetterlingen.

Der großen Zahl von Bienenarten entspricht eine nicht weniger große Vielfalt in der äußeren Erscheinungsform. So gibt es einige Arten, die wie die Steppenbiene mit nur 4 mm Größe leicht zu übersehen sind und meist gar nicht als Bienen wahrgenommen werden. Andere wie die Holzbiene hingegen haben mit 28 mm eine vergleichsweise stattliche Größe, wieder andere sind durch rote, gelbe oder grün bis blau schillernde Farben auffällig. Viele Bienenarten sind pelzig behaart. Neben den Hummeln tragen auch viele Sandbienen (*Andrena*), Mauerbienen (*Osmia*) und Pelzbienen (*Anthophora*) ein dichtes Haarkleid. Im Gegensatz dazu können die kaum behaarten Maskenbienen (*Hylaeus*), Wespenbienen (*Nomada*) oder Buckelbienen (*Sphecodes*) leicht mit anderen Hautflüglern, vor allem mit Falten- und Grabwespen, verwechselt werden. Mit der Zeit wird man aber feststellen, dass es neben dem äußeren Erscheinungsbild vor allem das Verhalten ist, an dem man Wildbienen draußen in der Natur erkennt. Auch die unterschiedlichen Nistweisen helfen, Wildbienen leichter von anderen Insekten zu unterscheiden. Letztendlich sind auch hier ein immer besser geschultes Auge und die genaue Beobachtung, nicht zuletzt auch Ausdauer und Geduld wichtige Voraussetzungen, Wildbienen von Schwebfliegen, Käfern, Grabwespen oder Honigbienen zu unterscheiden.

Alle heimischen Wildbienenarten treten in zwei Geschlechtern auf. Die Männchen sind oft schlanker als die Weibchen, und ihre Fühler sind meist länger (13 Glieder, Ausnahme *Biastes* und *Pasites* mit 12 Gliedern) als die der Weibchen (12 Glieder). Sie haben außerdem keine Pollentransport-Einrichtungen, weil sie sich nicht am Brutgeschäft beteiligen. Die vielfach schlankeren Männchen sind oft durch ihr Flugverhalten auffällig, besonders wenn sie auf regelmäßigen Bahnen an Blüten oder Nistplätzen patrouillieren oder sich an immer gleichen Stellen sonnen oder rasten. Sie sind auch meistens anders gefärbt als ihre Weibchen, die besonders dann leicht zu erkennen sind, wenn sie mit Pollen beladen von Blüte zu Blüte fliegen.

Die sehr seltene Dünen-Steppenbiene (*Nomioides minutissimus*, Männchen links, Weibchen rechts) gehört mit 4 mm Größe zu den kleinsten heimischen Wildbienen.

Früher wurde angenommen, dass Männchen (links) und Weibchen (rechts) der Schmuckbiene (*Epeoloides coecutiens*) zu verschiedenen Arten gehören.

Große Unterschiede zwischen Männchen (links) und Weibchen (rechts) zeigt in beeindruckender Weise auch die Gallen-Mauerbiene (*Osmia gallarum*).

Die Weibchen der nestbauenden Bienen kann man am ehesten auf Blüten und hier an einzigartigen Haarstrukturen an Kopf, Brustabschnitt, Beinen und Hinterleib erkennen: Spezielle Haarlocken, außerdem sogenannte Bauchbürsten und Schienenbürsten sowie „Körbchen" mit einem Borstenkranz dienen ausschließlich der Speicherung des Pollens auf dem Sammelflug und seinem Transport zum Nest. Darauf zu achten erleichtert das Erkennen von Bienen in besonderem Maße.

Das Weibchen der Malven-Langhornbiene (*Eucera malvae*) hat besonders lange Haare in seiner Schienenbürste, zwischen denen die weißen Pollen der Rosen-Malve (*Malva alcea*) gespeichert und transportiert werden.

Auch das Weibchen der Wegwarten-Hosenbiene (*Dasypoda hirtipes*) hat mächtige Schienenbürsten, die der Gattung zu ihrem deutschen Namen verholfen haben.

Das Weibchen der Garten-Blattschneiderbiene (*Megachile willughbiella*) transportiert den lila Pollen der Zier-Glockenblume (*Campanula isophylla*) auf der Unterseite des Hinterleibs.

Hummeln wie die Dunkle Erdhummel (*Bombus terrestris*) zeichnen sich durch oft große, mit Nektar angereicherte Pollenladungen aus.

Namensgebung (Nomenklatur)

Alle bisher bekannten Lebewesen und damit auch die Wildbienen haben einen wissenschaftlichen Namen. Nach der sogenannten binären Nomenklatur, die 1753 von dem schwedischen Naturforscher Carl von Linné (latinisiert Carolus Linnaeus, 1707–1778) eingeführt wurde, besteht jeder wissenschaftliche Name einer Art aus zwei Teilen. Der erste ist der Gattungsname, ein Substantiv, das immer mit einem Großbuchstaben beginnt. Der zweite Namensteil ist der eigentliche, immer klein geschriebene Artzusatz (Epitheton). Ist er ein Adjektiv, richtet sich sein Geschlecht nach dem der Gattung. Diesen beiden Teilen ist oft der Name des Autors beigefügt, der die Art benannt hat, und das Jahr, in dem er die Artbeschreibung veröffentlichte. Die Nennung von Autor und Jahreszahl ist nicht verbindlich. Da der Erstbeschreiber einer Art bei der Namensgebung völlige Freiheit genießt, führt dies manchmal zu kuriosen Namen. Die wissenschaftliche Namensschöpfung ist stets latinisiert (an das Lateinische angeglichen) und ihre Herkunft ist fast ausschließlich Latein und Altgriechisch.

Die Namensgebung sei am Beispiel der Gehörnten Mauerbiene *Osmia cornuta* (Latreille 1805) erklärt: *Osmia* bezeichnet die Gattung, *cornuta* die Art. Latreille ist der (französische) Autor, der die Art 1805 beschrieben und benannt hat. Der Name des Autors steht hier in Klammern, da die Art ursprünglich unter einem anderen Gattungsnamen, nämlich *Megachile*, beschrieben und später der Gattung *Osmia* zugeordnet wurde.

Jede Bienenart hat nur einen gültigen wissenschaftlichen Namen. Viele Arten sind aber im Laufe ihrer Entdeckungsgeschichte mehrfach beschrieben und benannt worden. Daher waren zeitweise mehrere Namen (Synonyme) in Gebrauch, von denen heute nur einer gültig ist. Welcher unter mehreren Namen gültig ist, wird durch die Internationalen Regeln für die Zoologische Nomenklatur (ICZN) festgelegt. Das Ziel dieser Konvention ist, die Stabilität und Universalität (Allgemeingültigkeit) wissenschaftlicher Tiernamen zu fördern.

In diesem Buch verwende ich auch deutsche Namen. Bei den Bienen gibt es lediglich für die Gattungen seit rund 160 Jahren deutsche Benennungen, die sich eingebürgert haben, z.B. Seidenbienen für die Gattung *Colletes* und Sandbienen für die Gattung *Andrena*. J.L.Christ hat 1791 in seiner Naturgeschichte der Insekten den Bienenbeschreibungen deutsche Namen beigefügt. So nannte er die unten abgebildete Art, bei der es sich nach heutiger Interpretation um *Dasypoda suripes* handelt, Wadenfuß. Andere Bienenarten heißen Einhorn, Gräber, Mauerfuchs oder Köhler. Diese Namen haben sich aber nicht durchgesetzt. Darüber hinaus gibt es für Hummeln deutsche Trivialnamen, z.B. Ackerhummel für *Bombus pascuorum* oder Steinhummel für *Bombus lapidarius*. Für einige gut kenntliche Arten benutze ich schon seit den 1980er Jahren bei Führungen, in Vorträgen und in manchen Schriften rund 200 von mir ersonnene deutsche Artnamen, die auf dem deutschen Gattungsnamen basieren und sich nach typischen Eigenschaften (Blütenbesuch, Lebensraum, Morphologie) richten.

Vor einigen Jahren wurden für alle Bienen Mitteleuropas deutsche Namen vergeben. Lange Wortschöpfungen wie Senf-Blauschillersandbiene oder Rotbeinige Körbchensandbiene lassen sich jedoch kaum gut behalten und verstehen. Am ehesten können sich neue, künstliche Wörter für häufige oder auffällige Arten etablieren. Aber nur wissenschaftliche Namen garantieren den internationalen Austausch unter Profi- und Bürgerwissenschaftlern (citizen scientists). Daher empfehle ich, sich mit der Binominalen Nomenklatur vertraut zu machen, wie dies für Gärtner, Biologen, Mediziner und weitere Berufsgruppen selbstverständlich ist. Selbst Kinder lernen leicht z.B. die Namen von Dinosauriern und wenden sie richtig an.

Abbildungen von Bienen aus der Naturgeschichte der Insekten von J.L.Christ. Der Autor hat die Art „Wadenfuß" genannt. Die linke Zeichnung stellt das Weibchen dar, die rechte das Männchen.

Wespenverwandtschaft – Die Stellung der Bienen innerhalb der Insekten

Das moderne System der Lebewesen richtet sich nach ihrer Entwicklung im Laufe der Erdgeschichte (Stammesgeschichte oder Phylogenese). Dieses System ist hierarchisch aufgebaut. Seine Kategorien wie Klasse, Ordnung, Familie, Gattung und Art sind einander untergeordnete Rangstufen (Hierarchieebenen), die auf Carl von Linné zurückgehen. Innerhalb der Klasse der Insekten, zu denen auch die Ordnungen der Käfer, Schmetterlinge und Zweiflügler zählen, gehören die Bienen zur Ordnung der Hautflügler (Hymenoptera), einer besonders artenreichen Verwandtschaftsgruppe mit fast 12 000 Arten allein in Mitteleuropa. Ihr Kennzeichen sind vier häutige Flügel. Fast alle Hautflüglergruppen tragen den Begriff Wespen in ihrem deutschen Namen. Dies ist unabhängig davon, ob der Hinterleib breit am Bruststück (Thorax) angewachsen ist wie bei den Holzwespen und Blattwespen oder ob eine Einschnürung zwischen dem 1. und 2. Hinterleibssegment (Wespentaille) vorhanden ist wie bei den Taillenwespen (Apocrita). Zu den Taillenwespen gehören viele Familien parasitischer Legimmen (Parasitica) wie Gallwespen, Erzwespen und Schlupfwespen sowie die Unterordnung der Stechimmen (Aculeata), zu denen die Ameisen, Faltenwespen, Weg- und Grabwespen und die Bienen zählen. Bei den Stechimmen ist der Eilegeapparat zu einem Stechapparat umgewandelt. Deshalb haben nur die Weibchen einen Giftstachel, der zur Lähmung von Beutetieren eingesetzt wird oder – im Falle der Bienen ausschließlich – der Verteidigung (Wehrstachel) dient. Früher hat man die Bienen auch „Blumenwespen" genannt, was nicht nur ihre Verwandtschaft mit den anderen Hautflüglergruppen erkennen lässt. Der Begriff zeigt auch ihr wesentliches biologisches Merkmal an, nämlich die Versorgung der Brut mit Blütenprodukten (Pollen, Nektar, Blumenöl), während sich die Larven anderer Stechimmen von erbeuteten Insekten, Insektenlarven oder Spinnen ernähren.

Zu den Stechimmen gehört u. a. die Überfamilie Apoidea mit den Grabwespen (Spheciformes) und den Bienen (Apiformes), die von grabwespenartigen Formen abstammen. Spheciformes und Apiformes sind Sammelbegriffe ohne Rang, die der amerikanische Bienenforscher C. D. Michener in „The Bees of the World" eingeführt hat. Ein alternativer, in jüngster Zeit häufiger

Blattwespe (*Megalodontes*, Tenthredinidae), ohne Wespentaille.

Solitäre Faltenwespe (*Odynerus spinipes*), mit Wespentaille.

Die Pollenwespe (*Celonites abbreviatus*) versorgt ihre Brut nicht mit tierischer Nahrung, sondern mit Pollen und Nektar von Lippenblütlern (Lamiaceae).

Der Bienenwolf (*Philanthus triangulum*), eine Grabwespe, mit einer durch einen Stich gelähmten Honigbiene als Beute.

verwendeter Sammelbegriff für die Bienen ist Anthophila. Er ist schon mindestens seit 1904 bekannt und verweist auf die Beziehung der Bienen zu Blüten. Die Bienen werden heute (meist nach Michener) in sieben Familien unterteilt: Die sechs Familien Colletidae, Andrenidae, Halictidae, Melittidae, Megachilidae und Apidae sind in Mitteleuropa mit rund 850 Arten vertreten, die Familie Stenotritidae ist mit 21 Arten nur in Australien beheimatet. Einige Schriften fassen die Bienen nur in einer einzigen Familie Apidae mit sieben Unterfamilien zusammen. Die Familien bzw. Unterfamilien werden ihrerseits auf der nächstniedrigen Rangstufe in Gattungen unterteilt, und mit den Gattungen wiederum werden nahverwandte Arten zusammengefasst. Eine nahe Verwandtschaft ist in wichtigen gemeinsamen Eigenschaften der Arten begründet, die alle im Idealfall von einem gemeinsamen Vorfahren abstammen (ein „Monophylum" darstellen); fehlen solche gemeinsamen Eigenschaften und stellen Biologen eine morphologische „Lücke" fest, schaffen sie oft eine neue Gattung. Anders als eine Art (= Fortpflanzungsgemeinschaft) ist eine Gattung also ein künstliches Konstrukt: eine jener Kategorien, mit denen Menschen versuchen, die Abstammung der Lebewesen zu verstehen und nachzuzeichnen.

Die Erforschung von Abstammungen (Phylogenetik) hat im Zeitalter der DNA-Sequenzierung große Fortschritte gemacht, wenn auch ihre Ergebnisse nicht immer eindeutig und manchmal sogar fehlerhaft sind. Eine auf der Phylogenetik beruhende Systematik kann zwar den Stammbaum der Arten in seiner immensen Komplexität immer genauer abbilden, ist jedoch mit Linnés übersichtlichem Ordnungssystem und binärer Nomenklatur von 1753 immer weniger kompatibel.

Neue Erkenntnisse sind aber für manche Bearbeiter immer wieder Anlass, vertraute Gattungen mit vielen Arten (etwa *Anthidium*) in immer kleinere Gattungen mit nur wenigen Arten (manchmal gar nur einer) aufzuspalten. Die Folge sind meist wiederholte Änderungen des Gattungs- bzw. Artnamens, die Experten wie Laien die Kommunikation untereinander und die Befassung mit früheren Schriften erschweren. Ich bleibe schon aus Gründen der Praktikabilität bei dem bekannten übersichtlichen System und unterteile die Bienen Deutschlands in 42 Gattungen.

Klassische Klassifikation am Beispiel *Osmia bicolor* (Zweifarbige Mauerbiene)

Klasse:	Insekten
Ordnung:	Hautflügler (Hymenoptera)
Unterordnung:	Taillenwespen (Apocrita)
Teilordnung:	Stechimmen (Aculeata)
Überfamilie:	Grabwespen und Bienen (Apoidea)
Ohne Rang:	Grabwespen (Spheciformes)
	Bienen (Apiformes oder Anthophila)
Familie:	Megachilidae
Gattung:	*Osmia*
Art:	*Osmia bicolor*

Männchen (oben) und Weibchen (unten) von *Osmia bicolor*.

System der Bienen Deutschlands – Familien und Gattungen

Familie Colletidae

Gattung *Hylaeus* – Maskenbienen (39)

Gattung *Colletes* – Seidenbienen (15)

Familie Andrenidae

Gattung *Andrena* – Sandbienen (126+)

Gattung *Panurgus* – Zottelbienen (3)

Gattung *Panurginus* – Scheinlappenbienen (3)

Gattung *Camptopoeum* – Buntbienen (1)

Gattung *Melitturga* – Schwebebienen (1)

Familie Halictidae

Gattung *Halictus* Latreille – Furchenbienen (18)

Gattung *Lasioglossum* – Schmalbienen (70+)

Gattung *Sphecodes** – Buckelbienen (Blutbienen) (25)

Gattung *Nomioides* – Steppenbienen (1)

Gattung *Rophites* – Schlürfbienen (3)

Gattung *Rhophitoides* – Graubienen (1)

Gattung *Dufourea* – Glanzbienen (6)

Gattung *Nomia* – Schienenbienen (1) (einschließlich *Pseudapis*)

Gattung *Systropha* – Spiralhornbienen (2)

Familie Melittidae

Gattung *Melitta* Kirby 1802 – Sägehornbienen (6)

Gattung *Macropis* Panzer 1809 – Schenkelbienen (2)

Gattung *Dasypoda* Latreille 1802 – Hosenbienen (4)

Familie Megachilidae

Gattung *Anthidium* – Woll- und Harzbienen (einschließlich, *Pseudoanthidium*, *Rhodanthidium*, *Anthidiellum*, *Trachusa*) (12)

Gattung *Stelis** – Düsterbienen (11)

Gattung *Dioxys** – Zweizahnbienen (2)

Gattung *Megachile* – Blattschneider- und Mörtelbienen (23)

Gattung *Coelioxys** – Kegelbienen (13)

Gattung *Osmia* – Mauerbienen (40) (einschließlich *Hoplitis*)

Gattung *Chelostoma* – Scherenbienen (5)

Gattung *Heriades* – Löcherbienen (3)

Gattung *Lithurgus* – Steinbienen (2)

Familie Apidae

Gattung *Anthophora* – Pelzbienen (13) (einschließlich *Amegilla*)

Gattung *Melecta** – Trauerbienen (2)

Gattung *Thyreus** – Fleckenbienen (3)

Gattung *Eucera* – Langhornbienen (8) (einschließlich *Tetralonia, Tetraloniella*)

Gattung *Ceratina* – Keulhornbienen (3)

Gattung *Xylocopa* – Holzbienen (3)

Gattung *Nomada** – Wespenbienen (68+)

Gattung *Epeolus** – Filzbienen (5)

Gattung *Biastes** – Kraftbienen (3)

Gattung *Ammobates** – Sandgängerbienen (1)

Gattung *Ammobatoides** – Steppenglanzbienen (1)

Gattung *Epeoloides** – Schmuckbienen (1)

Gattung *Bombus*(*) – Hummeln, Kuckuckshummeln (41) (einschließlich *Psithyrus*)

Gattung *Apis* – Honigbienen (1)

Bei einigen Gattungen sind die von mir als Untergattungen aufgefassten systematischen Gruppen in Klammern aufgeführt.
Alle Gattungen mit * sind parasitische Bienen, solche mit (*) sind teilweise parasitisch.
Um eine Vorstellung von der Diversität in den einzelnen Gattungen zu geben, ist in Klammern die Zahl der in Deutschland nachgewiesenen Arten angegeben.
Im Falle besonders artenreicher Gattungen ist die Artenzahl umstritten, da bezüglich des Artstatus und der Bodenständigkeit die Meinungen der Autoren auseinandergehen.
Bei drei Gattungen (*Melitturga*, *Ammobatoides*, *Nomia*) ist die jeweils einzige Art in Deutschland bereits ausgestorben bzw. seit langem verschollen.

Wildbienen beobachten, erfassen und bestimmen

Wer sich mit Wildbienen näher beschäftigt, möchte in der Regel auch wissen, um welche Arten es sich handelt, die an Nisthilfen oder beim Blütenbesuch im Garten oder auf dem Balkon zu beobachten sind. Erst recht gilt dies für alle, die sich der wissenschaftlichen Erforschung der Wildbienen widmen und zum Beispiel die Fauna eines Gebiets untersuchen, um seine Schutzwürdigkeit zu beurteilen. Leider macht es uns die große Zahl der Arten nicht gerade leicht, sich in die enorme Formenvielfalt einzuarbeiten, zumal auch noch zwei Geschlechter zu unterscheiden sind. Bleiben wir zunächst im Freiland, wo selbst ein erfahrener Spezialist wie der Autor dieses Buchs einen beträchtlichen Teil der heimischen Wildbienen zwar bis zur Gattung, aber nicht bis zur Art bestimmen kann. Glücklicherweise gibt es eine ganze Reihe von Arten, die aufgrund ihrer Größe und der Farbe ihrer Behaarung äußerlich gut zu unterscheiden sind. Wenn wir dann noch Lebensraum, Flugzeit, Blütenbesuch, Nistweise und Verhalten berücksichtigen, lassen sich doch eine ganze Reihe von Arten lebend, gegebenenfalls auch anhand eines guten Fotos einigermaßen zuordnen. Auf diese Weise können so – entsprechende Erfahrung vorausgesetzt – bis zu 200 Bienenarten bestimmt werden, allerdings mit der Einschränkung, dass dies nur für die Weibchen zutrifft, da Männchen generell mehr Schwierigkeiten bereiten. In diesem Buch sind viele Arten in Lebendfotos abgebildet, die bei der Bestimmung helfen können. Allerdings kann uns ein struktur- und blütenreicher Garten auf Jahre hinaus beschäftigen, denn in ihm können weit über 100 Bienenarten auftreten, wenn auch oft nur in Einzelexemplaren. Das hier Erlernte können wir dann auf Spaziergängen und Wanderungen anzuwenden versuchen. Je unterschiedlicher die aufgesuchten Lebensräume sind, desto verschiedener ist auch das Artenspektrum, dem man begegnet, und desto schneller lassen sich die Kenntnisse erweitern. Für eine annähernd vollständige Dokumentation eines Gebiets reichen jedoch Beobachtungen und Fotobelege nicht aus. Denn für eine möglichst vollständige Erfassung kommt man nicht umhin, einzelne im Freiland nicht genau zuzuordnende Exemplare als Belegtiere der Natur zu entnehmen, um sie später unter einem Stereomikroskop zu bestimmen. Dafür ist in der Regel bei der Naturschutzbehörde eine Erlaubnis einzuholen. Um einen Einblick in die Arbeitsweise der Biologen zu geben, sei deren Vorgehensweise nachfolgend grob umrissen. Eine übliche Methode ist der Sichtfang von Bienen mit einem Insektennetz an Blüten, an Nistplätzen oder an Schwarmplätzen der Männchen. Es ist leider nicht vermeidbar, die gesammelten Exemplare nach dem Fang in einem Tötungsglas zu betäuben, in das einige Tropfen Essigsäureethylester („Essigäther") gegeben wurden. Selbstverständlich sind Belegexemplare noch in weichem Zustand sachgerecht zu präparieren (Insektennadeln aus rostfreiem Stahl, Genitalpräparation der Männchen) und zu etikettieren (Angaben zu Fundort, Funddatum und Sammler, eventuell besuchte Blüten). Für die spätere Bestimmung (Determination) zu Hause oder im Labor braucht man, vor allem bei den artenreichen Gattungen *Andrena* (Sandbienen), *Lasioglossum* (Schmalbienen), *Specodes* (Buckelbienen) und *Nomada* (Wespenbienen), aber auch bei manch anderer Verwandtschaftsgruppe neben der entsprechenden Fachliteratur Ausdauer, Übung und Erfahrung sowie eine Vergleichssammlung mit zuverlässig bestimmten Exemplaren. Da die Bestimmung von Wildbienen selbst für Geübte immer wieder eine Herausforderung darstellt, mögen die Hürden, die hierbei zu überwinden sind, manch anfänglich Interessierten abschrecken. Aber wenn man sich einmal eingearbeitet hat, wird man für die Mühe durch immer neue Entdeckungen belohnt, zumal es auf diesem Gebiet noch viel zu erforschen gibt.

Ein Hinweis für Kritiker des Insektensammelns: Hätten die Entomologen (Insektenkundler) nicht schon seit langer Zeit umfangreiches Bienenmaterial gesammelt und in den Museen hinterlegt, wären viele für den Artenschutz hilfreiche Untersuchungen (z. B. Pollenanalysen) nicht möglich gewesen. Deren Ergebnisse sind auch in diesem Buch berücksichtigt.

Für die Bestimmung müssen eine ganze Reihe von morphologischen Merkmalen sorgfältig geprüft werden. Hierfür benötigt man ein gutes Stereomikroskop (Binokular) mit Messeinrichtung. Lupen mögen im Gelände hilfreich sein, für die exakte Determination sind sie nur in Ausnahmefällen tauglich (Hummeln, manche größere Bienen mit gut sichtbaren Merkmalen). Bei der Verwendung eines Stereomikroskops wird man in den meisten Fällen mit 10- oder 20-facher Vergrößerung arbeiten. Sehr wichtig ist eine gute Lichtquelle. Ich selbst verwende eine flexible Schreibtischlampe mit einem LED-Leuchtmittel mit 9 W Leistungsaufnahme, Lichtfarbe warmweiß (3000 K) und Lichtstrom von 900 lm (Lumen).

Schlüssel zur Bestimmung der Gattungen bauen in der Regel auf der Struktur des Flügelgeäders auf. Anfänger werden sich meistens über diesen Weg in die Systematik und Taxonomie einarbeiten. Später wird man auf die Berücksichtigung der Flügelmerkmale verzichten können, weil man im Laufe der Zeit aufgrund von Habitus (Gesamterscheinungsbild) und Verhalten die meisten Gattungen ohne Betrachtung des Flügelgeäders erkennen kann. Glücklicherweise gibt es gut illustrierte Schlüssel, die den Einstieg deutlich erleichtern. Mit Zeichnungen und guten Fotos illustrierte Bücher helfen nicht nur bei der Bestimmung, sondern vermitteln auch Informationen zu Körperbau, Lebensräumen, Lebensweise, Gefährdung und Schutz und geben Hinweise zum Beobachten und Fotografieren. Grundlagen- und Bestimmungswerke sowie empfehlenswerte Naturführer sind dem Literaturverzeichnis zu entnehmen.

Bestimmung im Freiland und auf Fotos

Wildbienen sind am ehesten beim Blütenbesuch oder beim Nestbau ungestört aus nächster Nähe zu beobachten. Unter günstigen Umständen lassen sie sich dabei auch fotografieren oder filmen. Doch worauf muss man achten, wenn man wissen will, um welche Bienenart es sich handelt? Was sind die wichtigsten Merkmale, die uns helfen, eine Biene im Freiland oder auf einem Lebendfoto zu bestimmen? Dass dies bei mehr als zwei Drittel der Arten selbst erfahrenen Wildbienenkennern nicht gelingt, haben wir bereits weiter oben gelesen. Das soll uns aber nicht entmutigen. Denn zumindest die Gattungen weisen in der Mehrzahl markante Merkmale auf, anhand derer sie sich zuordnen lassen. Erfreulicherweise ist aber auch eine ganze Reihe von Arten an auffälligen Kennzeichen zu erkennen.

Betrachten wir eine Biene einmal genauer: Auf beiden Seiten des Kopfes sind die großen **Komplexaugen** zu sehen. Sie sind aus vielen Einzelaugen zusammengesetzt und ermöglichen Bild- und Farbensehen. Bei der Honigbiene und der Gattung *Coelioxys* sind sie mit kurzen Haaren besetzt. Der **Kopfschild** (Clypeus), der das Gesicht nach unten abschließt, ist bei manchen *Osmia*-Arten mit Fortsetzen („Hörnern") bewehrt und bei den Männchen einiger Arten der Gattungen *Hylaeus, Andrena, Camptopoeum, Melitturga, Halictus, Lasioglossum, Macropis, Anthidium, Eucera, Nomada* und *Anthophora* weiß oder gelb. Auch die beiden dreieckigen Felder zwischen Kopfschild, Augen und Gruben der Fühlerschäfte sind gelegentlich weiß oder gelb. Die bei den Männchen von *Eucera* und *Anthophora* gelb gefärbte **Oberlippe** (Labrum) bedeckt die Mundöffnung. Unter dem Labrum befinden sich weitere Mundwerkzeuge, die im Wesentlichen aus den Oberkiefern (Mandibeln), den Unterkiefern (Maxillen) und der Unterlippe (Labium) bestehen. Die **Oberkiefer** (Mandibeln) mit ihrem oft gezähnten Innenrand sind zwei zangenartig gegeneinander arbeitende Werkzeuge, die zur Verteidigung, als Klammerorgane während der Nachtruhe, zum Aushöhlen von Brutzellen, zum Ergreifen und Transport von Material, zum Schneiden von Blättern und zum Verarbeiten von Harz, Lehm oder Pflanzenmörtel dienen. Eine Röhre, der **Rüssel** (Proboscis), dient zum Aufsaugen von Flüssigkeiten, meistens Nektar. Wenn er nicht gebraucht wird, ist er in eine Furche an der Unterseite des Kopfes eingeklappt. Es gibt kurz- und langrüsselige Bienen. Zu ersteren gehören u. a. *Colletes* und *Andrena*, zu letzteren u. a. *Anthophora* und einige Hummelarten. Die **Fühler** (Antennen) der Männchen mancher *Megachile*-Arten sind am Ende verbreitert und bei der Gattung *Systropha* aufgerollt. Bei den Weibchen sind sie 12-gliedrig, bei den Männchen 13-gliedrig (bei den Gattungen *Pasites* und *Biastes* 12-gliedrig).

Das **Bruststück** (Thorax) ist der mittlere, fast kugelige Teil des Bienenkörpers. Es trägt die Beine sowie die Flügel und beherbergt die Flugmuskulatur. Bei vielen Arten ist es dicht und lang behaart, und die Farbe der Behaarung ist ein wichtiges Merkmal z. B. bei vielen *Andrena*-Arten, aber auch bei Hummeln. Die vier häutigen Flügel sind durchsichtig und von auffallenden Adern durchzogen, die der Versteifung der Flügelhaut dienen. Das **Flügelgeäder** ist für die Bestimmung der Gattungen wichtig, vor allem die Zahl und relative Größe der Cubitalzellen und die Form der Radialzelle. Winzige Häkchen am Vorderrand der Hinterflügel halten die Flügelpaare beim Fliegen zusammen.

Andrena nitida (Weibchen)

Die drei Beinpaare (Vorder-, Mittel- und Hinterbeine) setzen sich aus fünf gelenkig miteinander verbundenen Teilen zusammen: Hüfte, Schenkelring, Schenkel, Schiene, Fuß. Der **Schenkel** (Femur) ist besonders bei den Männchen einiger Arten verdickt (z. B. *Macropis*, *Megachile*). Die **Schiene** (Tibia) der Hinterbeine ist oft stark verbreitert und trägt bei den Weibchen häufig eine dem Pollentransport dienende und charakteristisch gefärbte **Schienenbürste** (Scopa). Sie kann, wie bei *Dasypoda*, besonders auffallend, gattungsspezifisch und namensgebend sein (Hosenbienen). Der Fuß setzt sich aus insgesamt fünf Gliedern (Tarsen) zusammen. Das erste **Fußglied** (Metatarsus oder Basitarsus) ist verlängert und abgeplattet. Bei den Weibchen von *Anthophora*, *Macropis* und *Melitta* dient es dem Pollentransport. Die Mittelbeintarsen der Männchen einiger *Anthophora*-Arten besitzen Haarbüschel oder lange Haarfransen. Bei einigen *Megachile*-Arten sind die Vorderbeintarsen der Männchen deutlich verbreitert.

Der **Hinterleib** (Abdomen) besteht aus mehreren Segmenten, die von Rückenplatten (Tergite) und Bauchplatten (Sternite) bedeckt sind. Die Tergite sind bei manchen Arten teilweise oder ganz rot. Sie können dicht oder kaum behaart sein oder schmale bis breite Haarbinden an der Basis oder am Ende aufweisen. Bei *Andrena* zeigt das letzte Tergit der Weibchen eine spezifische Behaarung, die **Endfranse** genannt wird und deren Farbe für die Bestimmung wichtig ist. Bei den Weibchen von *Halictus* und *Lasioglossum* zeigt das letzte Rückensegment eine furchenartige Behaarung. Die Weibchen aller nestbauenden Arten der Familie Megachilidae haben auf den Bauchsegmenten eine bürstenartige Behaarung, eine sogenannte **Bauchbürste** (Ventralscopa), die der Aufnahme und Speicherung des gesammelten Pollens dient. Diese ist oft charakteristisch gefärbt und daher ein wichtiges Merkmal. Bei weiblichen Spiralhornbienen hingegen sind die Rückensegmente für den Pollentransport seitlich dicht und lang behaart. Die hier genannten Merkmale sind in meinem Buch „Die Wildbienen Deutschlands" in den Steckbriefen der im Foto abgebildeten Arten meist als Kennzeichen für beide Geschlechter angegeben.

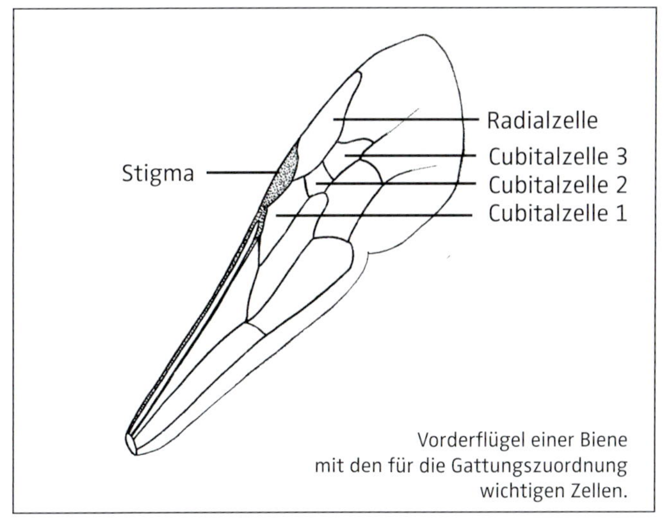

Vorderflügel einer Biene mit den für die Gattungszuordnung wichtigen Zellen.

Beispiele für wichtige Erkennungsmerkmale.
A: Mit kurzen Haaren besetzte Komplexaugen bei *Coelioxys conoidea*.
B: Der Clypeus der Männchen einiger Arten ist weiß oder gelb (hier *Andrena humilis*). C: Die Vorderbeintarsen mancher *Megachile*-Männchen sind verbreitert und cremeweiß, ihre Fühlerenden sind verbreitert (hier *M. maritima*). D: Haarfransen am Mittelbein von *Anthophora plumipes*.

E: Furchenartige Behaarung bei *Halictus* und *Lasioglossum* (hier *Halictus scabiosae*). F: Endfranse und Haarbinden bei *Andrena chrysosceles*.
G: Farbe und Form der Schienenbürste sind zu beachten (hier *Andrena fulvago*). H: Bauchbürste von *Megachile lapponica*.

Unverzichtbare Bestäuber

Alle Wildbienen sind fleißige Blütenbesucher: Sie ernähren sich nicht nur als adulte (erwachsene) Insekten von Nektar und Pollen; diese Blütenprodukte werden von den nestbauenden Arten auch zur Versorgung ihrer Brut ausgiebig gesammelt. Deshalb sind viel mehr Blütenbesuche als zur Eigenernährung nötig. Gerade deswegen und aufgrund ihrer großen Artenzahl, ihres Verhaltens beim Blütenbesuch sowie ihrer weiten Verbreitung von der Ebene bis in die Hochlagen der Gebirge sind Wildbienen im Vergleich zu anderen blütenbesuchenden Insekten besonders wichtige Bestäuber nicht nur von Wildpflanzen, sondern auch von Obstbäumen, Beerensträuchern und Feldfrüchten. Neben ihrer immensen Bedeutung als Bestäuber von Wildpflanzen sind Wildbienen eine ökonomisch wertvolle natürliche Ressource, die es unbedingt zu erhalten gilt. Ihr Einsatz für die Saatgutproduktion oder die Pflanzenzüchtung ist nämlich, wie die Praxis in verschiedenen Erdteilen deutlich zeigt, wesentlich kostengünstiger als der von Honigbienen. Aufgrund ihrer hohen Bestäubungseffizienz wird die Zahl der Nutzbienen weltweit steigen. Bereits heute werden Hummeln in Tomaten-Gewächshäusern, Mauerbienen im Obstbau und der Mandelkultur und Blattschneiderbienen im Luzerneanbau eingesetzt.

Die Lappländische Sandbiene (*Andrena lapponica*) ist in den Wäldern neben anderen Sandbienen und Hummel-Königinnen ein wichtiger Bestäuber der Heidelbeeren (*Vaccinium myrtillus*).

Die Gehörnte Mauerbiene (*Osmia cornuta*) besucht besonders gerne die Blüten verschiedener *Prunus*-Arten (Kirschen, Aprikosen, Zwetschgen, Pflaumen, Mandeln), hier die einer Japanischen Zierkirsche. Sie gilt als ein so guter Bestäuber dieser Bäume, dass sie mittlerweile in großem Umfang zur Bestäubung von Mandeln eingesetzt wird.

Zeigerorganismen in der Landschaftsplanung

Aufgrund der hohen Gesamtartenzahl, ihrer oftmals sehr engen Bindung an bestimmte Pflanzen und der teils ausgeprägten Spezialisierung bei der Wahl der Nistplätze sind Wildbienen ganz besonders zur Bewertung verschiedenster Lebensräume im Offenland geeignet. Hierzu zählen v.a. Wiesen, Weinberge, Ruderalflächen, Brachen, Abbaustellen, Dünen und Auen.

Anhand der Wildbienen können funktionale Beziehungen zwischen verschiedenen Landschaftsteilen sehr gut dargestellt und daraus auch Prognosen hinsichtlich der Folgen von Eingriffen in die Landschaft abgeleitet werden. Wildbienen gehören demnach zu den planungsrelevanten Tiergruppen. Diese lange vernachlässigte Tatsache sollte bei Umweltverträglichkeitsuntersuchungen und bei der Landschaftsplanung immer berücksichtigt werden.

Kiesgrube im Neckartal. Die Erfassung der Wildbienen ergab einige seltene bzw. stark im Rückgang befindliche Arten, deren Erhaltung nur durch eine gezielte Zusammenarbeit mit dem Betreiber möglich war.

Nachdem in dem Streuobstgebiet und dem dahinter liegenden Waldrand auf der Schwäbischen Alb die Wildbienenfauna untersucht worden war, ließ sich im Rahmen der laufenden Flurneuordnung die Entfernung (Ausstockung) von Kiefern gut begründen. Dadurch konnte u.a. der Lebensraum von drei schneckenhausbesiedelnden Arten gesichert und verbessert werden.

Ein Männchen der Gehörnten Mauerbiene (*Osmia cornuta*) beim Verlassen einer Krokus-Blüte (*Crocus thommasinianus*).

Einsiedler- oder Solitärbienen

Solitäre Bienen bauen ihre Nester und versorgen ihre Brut ohne Mithilfe von Artgenossen. Es gibt also keine Arbeitsteilung. Jedes Nest wird nur von einem Weibchen gebaut, das seine bis zu 30 Brutzellen im Verlauf von 4–6 Wochen allein versorgt. Das schließt nicht aus, dass manchmal Hunderte von Weibchen dicht nebeneinander nisten. Stets wird eine Zelle fertiggestellt, bevor mit der nächsten begonnen wird. Das Weibchen deponiert als Larvenproviant eine Mischung aus Pollen und Nektar oder Blumenöl, legt auf den Futtervorrat ein Ei und verschließt die Zelle. In ihr befindet sich genügend Futter für das gesamte Wachstum der Larve. Kontakte zwischen den Generationen sind seltene Ausnahmen. Das Weibchen stirbt nämlich, bevor seine Nachkommenschaft voll entwickelt ist und Wochen oder Monate später schlüpft.

Ein Männchen (oben) der Gehörnten Mauerbiene (*Osmia cornuta*) hat ein Weibchen gepackt, um sich mit ihm zu paaren.

Die Gehörnte Mauerbiene, eine typische Solitärbiene

Eine der auffälligsten Wildbienen, die wir im Frühling beobachten können, ist die oft mit Hummeln verwechselte Gehörnte Mauerbiene (*Osmia cornuta*). Während bei den Weibchen (12–16 mm) der Körper tiefschwarz und der Hinterleib dicht fuchsrot bepelzt sind, kann man die etwas kleineren Männchen leicht an ihrer weißen Gesichtsbehaarung erkennen. Die Weibchen haben am Vorderkopf zwei kleine, zwischen den Haaren versteckte Fortsätze („Hörnchen"). In Süd- und Mitteldeutschland ist die Art in der Ebene und im Hügelland weit verbreitet, nordwärts jedoch in abnehmender Häufigkeit; die Höhenstufe von 500 m überschreitet sie nur vereinzelt. Sie ist vor allem in Dörfern und Städten häufig. Das dort herrschende Kleinklima, vielfältige Nistplätze und das reiche Angebot an frühblühenden Bäumen und Blumen kommen ihren Ansprüchen sehr entgegen.

Frisch geschlüpftes Männchen der Gehörnten Mauerbiene mit typisch weißer Gesichtsbehaarung.

Nestbau und Verproviantierung

Die Männchen schlüpfen im März, in manchen Jahren schon Ende Februar. Die Weibchen erscheinen einige Tage später. Unmittelbar nach dem Schlüpfen entleeren sie ihren Darm, erkennbar an beigefarbenen Flecken neben dem Schlupfloch. Gleich nach der Paarung, vor der das Männchen das Weibchen bis zu zwei Stunden lang festhält, sucht das Weibchen in der Umgebung nach einem geeigneten Hohlraum und beginnt mit dem Bau des Nestes. Es sorgt für Nachkommen, indem es 4–6 Wochen lang Brutzelle für Brutzelle baut, jede mit einem Futtervorrat aus Pollen und Nektar verproviantiert und auf diesen ein Ei legt. Die Flugzeit endet Anfang Mai. Die Männchen beteiligen sich nie am Brutgeschäft. Die Nester sind Linienbauten oder Haufenbauten mit bis zu zwölf durch Wände aus Mörtel getrennten Brutzellen. Ein Nest in einem röhrenförmigen Hohlraum wird mit einem dicken Pfropfen aus feuchtem Mörtel verschlossen. Nur selten werden Niströhren erneut genutzt, nachdem zuvor Baumaterial und Kokonreste beseitigt wurden.

Verschiedenste Hohlräume an Gebäuden wie z. B. Löcher im Verputz oder Hohlräume im Mauerwerk sind der Gehörnten Mauerbiene als Nistplatz willkommen. Hier hat sich ein Weibchen einen Anschluss des Gartenschlauchs (Hahnstück) für die Anlage einer Brutzelle ausgesucht.

Nach einem längeren Sammelflug kommt das Weibchen mit leuchtend gelbem Pollen in der Bauchbürste zu dem vom Autor angebotenen Bambusröhrchen zurück, in dem es zuvor eine Rückwand für die Brutzelle gebaut hat.

Ein Weibchen kommt mit feuchtem Lehmballen zurück, um eine Zellzwischenwand zu bauen oder das Nest zu verschließen.

Mehrmals kommt das Weibchen mit Mörtel angeflogen, um das Röhrchen mit einem dicken Lehmpfropfen sicher vor Eindringlingen zu schützen.

Ein Weibchen der Gehörnten Mauerbiene (***Osmia cornuta***) beim Sammeln von Pollen am Festen Lerchensporn (***Corydalis solida***)

Nestarchitektur

Nest der Gehörnten Mauerbiene in einem geöffneten Bambusröhrchen mit sieben durch Zwischenwände aus Lehm getrennten Brutzellen (Nesteingang liegt rechts). Aus den Eiern schlüpfen die Larven jeweils 3–4 Tage, nachdem sie vom Weibchen direkt auf den Futtervorrat abgelegt wurden.

Zelle 1 Zelle 2 Zelle 3

Das Bild oben zeigt drei Brutzellen eines Nests in einem Bambusröhrchen. Der Nesteingang liegt auch hier rechts. Die linke Zelle 1 wurde als erste gebaut. Sie und Zelle 2 enthalten je ein befruchtetes Ei, aus dem sich ein Weibchen entwickeln wird. Daher wurde in diesen Zellen eine größere Menge an proteinreichem Larvenfutter deponiert als in Zelle 3, in der ein unbefruchtetes Ei abgelegt wurde. Aus diesem wird sich ein Männchen entwickeln. Da die Männchen später keine Eier legen, benötigen sie als Larven auch weniger Pollen als Eiweißquelle. Da die adulten Männchen im kommenden Frühling einige Tage vor den Weibchen schlüpfen, machen sie den später schlüpfenden Weibchen Platz.

Entwicklung vom Ei bis zum Vollinsekt

In den Bildern rechts sind die verschiedenen Stadien der Entwicklung einer Gehörnten Mauerbiene vom Ei bis zum Vollinsekt (Imago) zu sehen. Um die Puppe zu zeigen, deren Komplexaugen sich bereits zu färben beginnen, wurde der Kokon vorsichtig geöffnet.

Zelle mit Ei.

Frisch geschlüpfte Larve.

Drei Tage alte Larve.

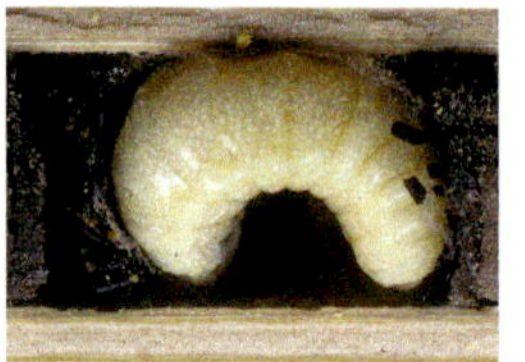

Ausgewachsene Larve.

Kokon mit Larve im Innern.

Puppe im Kokon.

Imago im Kokon.

Entwicklungszyklus

Nach dem Verzehr des Futters verpuppt sich die Larve der Gehörnten Mauerbiene im Kokon und entwickelt sich noch im Sommer zur adulten Biene. Die Biene überdauert also Herbst und Winter im Stadium des Vollinsekts (Imago) innerhalb des Kokons in völliger Ruhe. Im nächsten Frühling verlassen alle Mauerbienen nacheinander ihr Nest durch den vorjährigen Nesteingang, nachdem Kokon, Querwände und Verschlusspfropfen aufgenagt wurden. Die Gehörnte Mauerbiene hat demnach einen einjährigen Lebenszyklus. Den größten Teil des Jahres vollzieht sich die Entwicklung vor unseren Augen verborgen innerhalb der Nester. Folgende Grafik veranschaulicht den Lebenszyklus und die Entwicklung im Nest im Verlauf eines Jahres.
Eine sehr ähnliche Lebensweise hat die später fliegende Rostrote Mauerbiene (*Osmia bicornis*, siehe S. 150).

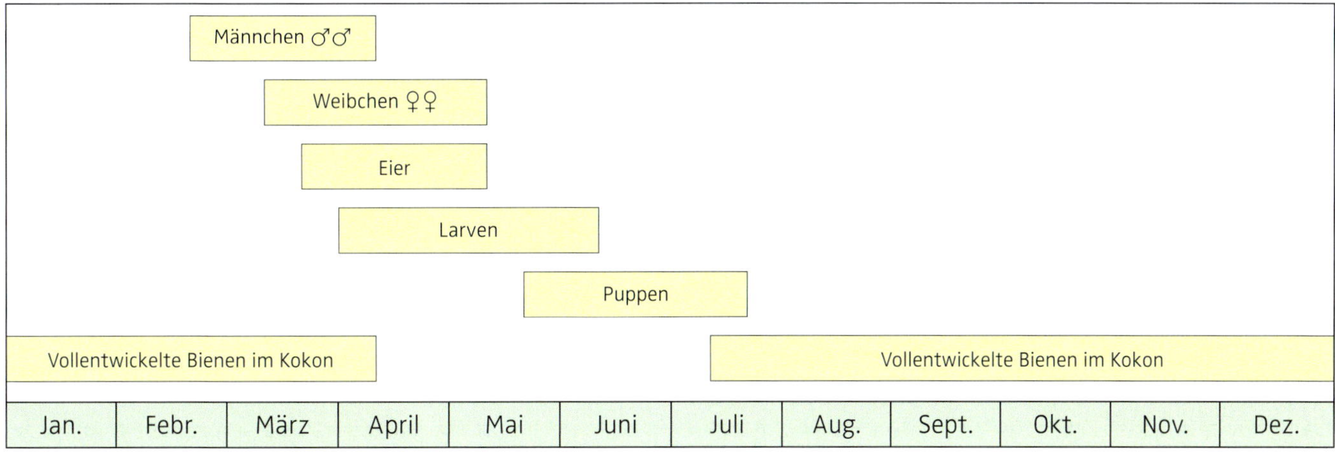

Entwicklungszyklus der Gehörnten Mauerbiene (*Osmia cornuta*).

Kommunale Bienen

Den solitären in der Lebensweise sehr ähnlich sind die kommunalen Bienen, bei denen zwei oder mehr Weibchen ein und derselben Generation zusammenleben. Jedes Weibchen baut und verproviantiert seine eigenen Brutzellen in einem gemeinsamen Nest und legt ein Ei in jede von ihnen. In der Regel hat das Nest einen gemeinsamen Nesteingang. Zu den kommunalen Bienen gehören die Sandbienenarten *Andrena agilissima*, *A. bucephala*, *A. ferox* und *A. scotica*.

Eine der wenigen heimischen kommunalen Arten ist die Blauschillernde Sandbiene (*Andrena agilissima*). Ein mit Ackersenf-Pollen beladenes Weibchen rastet kurz auf einem Kiesel, bevor es den hellgelben Pollen in seinem unter den Steinen liegenden Nest ablädt.

Während eine Arbeiterin der primitiv eusozialen Schmalbienenart ***Lasioglossum marginatum*** mit weißem Pollen in den türmchenartigen Nesteingang schlüpft, kommt bereits die nächste Arbeiterin angeflogen.

Soziale Bienen

Soziale Bienen leben in Gemeinschaften, deren Mitglieder in enger Beziehung zueinander stehen. Das Sozialverhalten der Bienen hat sich im Verlauf ihrer Stammesgeschichte – weltweit betrachtet – mehrfach unabhängig voneinander entwickelt. Wir beschränken uns hier auf die staatenbildenden Bienen, bei denen wir zwei Organisationsebenen unterscheiden: Die primitiv eusoziale und die hocheusoziale Lebensweise.

Die Staaten der Bienen bestehen aus zwei oder mehr adulten Weibchen, die in einem einzelnen Nest zusammenleben. Diese Weibchen unterteilt man in zwei „Kasten“:

- Eine Königin, die gewöhnlich begattet ist und den größten Teil der Eier legt. Die Königin ist oft, bei einigen Arten immer, größer als ihre Arbeiterinnen.
- Eine bis viele Arbeiterinnen, die den Hauptteil der Sammeltätigkeiten ausführen, sich um die Brut kümmern, das Nest bewachen usw. und oft unbegattet sind.

Eine Arbeiterin der primitiv eusozialen Schmalbienenart *Lasioglossum marginatum* will gerade das Nest verlassen, als drei weitere pollenbeladen von einem Sammelflug zurückkehren.

Primitiv eusoziale Lebensweise

Die Kasten primitiv eusozialer Bienen sind einander äußerlich sehr ähnlich, und ein Futteraustausch fehlt oder ist selten. Einige Arten der Gattung *Lasioglossum* (Schmalbienen) und die nestbauenden Hummeln (*Bombus* zum Teil) gehören zu diesem Typ. Meistens werden die Staaten von einem einzelnen Weibchen gegründet, das zunächst wie eine solitäre Biene arbeitet und alle notwendigen Funktionen des Nestbaus, des Eierlegens, des Futtersammelns und der kontinuierlichen Versorgung der Larven übernimmt (sogenannte „subsoziale“ Phase). Später, wenn die Töchter schlüpfen, beginnt das eigentliche Staatenleben, das eine Arbeitsteilung zwischen der Nestgründerin (Königin) und den Arbeiterinnen einschließt. Solche Staaten brechen meist mit der Produktion von Geschlechtstieren (Jungköniginnen, Männchen) zusammen und sind daher vergleichsweise kurzlebig (meist eine Vegetationsperiode), ganz im Gegensatz zu den Staaten der hocheusozialen Bienen.

Arbeiterin von *Lasioglossum marginatum* mit Pollen auf dem Nesteingang. Die Königin dieser Art lebt 5–6 Jahre. Die Nestgemeinschaft enthält im ersten Jahr 2–6 Arbeiterinnen, im sechsten Jahr 486–1458 Bewohner. Erst im fünften oder sechsten Jahr werden Männchen und zukünftige Königinnen erzeugt. Das Eingangstürmchen ist umso höher, je älter das Völkchen ist.

Eine vergleichsweise häufige Art ist die Pförtner-Schmalbiene (*Lasioglossum malachurum*). Diese Art steht – verglichen mit verwandten Arten – auf einer hohen Stufe des Sozialverhaltens. Begattete Weibchen (Königinnen) überwintern gemeinsam in ihren Geburtsnestern. Die Nestgründung erfolgt durch ein einzelnes Weibchen. Es beginnt im März oder April allein mit dem Ausschachten eines neuen oder dem Reinigen eines vorjährigen Hauptgangs. 3–8 offene Brutzellen werden in einer Wabe gebaut, die 10–15 cm tief am Hauptgang liegt und in der sich die im Vergleich zur Nestgründerin kleineren Arbeiterinnen entwickeln. Im Sommer ziehen diese eine weitere Brut von Arbeiterinnen mit einigen Männchen heran. Diese entwickeln sich in den bis zu 50 offenen Brutzellen (aber ohne Wabe) bis Juli. Diese zweite Nestanlage liegt 25–30 cm tief. Die Brutzellen befinden sich in diesem Fall in einfacher oder doppelter Reihe an dem nach unten verlängerten Hauptgang. Erst dann werden in einer dritten Versorgungsphase die großen Männchen und Königinnen produziert. Zwischen den Bruten gibt es Flugpausen, während denen der Nesteingang mit einem Erdpfropfen verschlossen wird. Im August enthalten die Nester unter günstigen Umständen 100–200 offene Zellen mit heranwachsender Brut.

Ein Weibchen inspiziert einen Nesteingang, in dem aber schon die Nestgründerin sitzt. Bereits gegrabene Gänge sind wichtige Ressourcen. Weibchen, die noch kein eigenes Nest haben, versuchen oft, dieses zu erobern.

Nachdem im zeitigen Frühling mit dem Bau des Nestes in der Erde begonnen wurde, startet die Königin mit der Verproviantierung der ersten Brutzelle. Hier sammelt sie in einer Hahnenfuß-Blüte (*Ranunculus*).

Die Königin hat an Ackersenf (*Sinapis arvensis*), der in der Nähe des Nestes in großer Zahl blühte, den hellgelben Pollen gesammelt und wird im nächsten Augenblick in das Bodennest schlüpfen, um dort den Pollen abzuladen.

Zwei Arbeiterinnen vor dem Nesteingang, eine davon mit Pollen.

Die Nestgründerin oder eine Arbeiterin übernimmt die Rolle eines Wächters. Sie bewacht den Nesteingang und kontrolliert wie ein Pförtner, ob die ankommenden Arbeiterinnen zum eigenen Nest gehören.

Aus dem Lehmboden eines Feldwegs herauspräpariertes Nest. Fünf Brutzellen enthalten eine Pollenkugel, die etwa halb so groß wie eine Erbse ist, sowie zwei Eier (oben rechts, unten links) und unterschiedlich alte Larven.

Männchen.

Die Staaten der **Hummeln** werden im Frühjahr von einzelnen überwinterten Weibchen (Königinnen) gegründet. Die ersten Arbeiterinnen werden von der Königin allein aufgezogen. Im Laufe der Vegetationsperiode werden unter deren Mithilfe weitere Bruten mit bis zu 400 Arbeiterinnen und auf dem Höhepunkt der Volkentwicklung Königinnen und Männchen erzeugt. Das Volk geht im Herbst zugrunde; nur die jungen, von den Männchen (Drohnen) begatteten Königinnen überwintern.

Geöffnete Wachskammer der Baumhummel (*Bombus hypnorum*) mit Eiern.

Geöffnete Wachszelle der Ackerhummel (*Bombus pascuorum*) mit jungen Larven.

Nest der Steinhummel (*Bombus lapidarius*) im Mai wenige Wochen nach der Nestgründung.

Das obige Nest von *Bombus lapidarius* auf dem Höhepunkt der Entwicklung (Ende Juni). Die dunkelbraunen blasigen Gebilde sind Wachskammern, in denen sich die Larven gemeinschaftlich entwickeln, die gelblichen sind Kokons mit Puppen. Dazwischen stehen Vorratstöpfe mit Nektar und Pollen. Bei den rechts im Bild auf den Kokons zu sehenden kleineren, dunkelbraunen Gebilden handelt es sich um Wachszellen mit Eiern.

Entwicklung eines Volks der Baumhummel (*Bombus hypnorum*) in einem Zeitraum von zwei Monaten. Oben links: Die Königin wärmt ihre ersten Eier in der hellbraunen Wachszelle. Davor steht das nektargefüllte Wachstöpfchen, das während Schlechtwetterperioden als Nahrungsreserve dient. Oben rechts: Die ersten Arbeiterinnen sind geschlüpft und helfen der Königin, die rechts zu sehen ist. Im Vordergrund stehen drei Wachszellen, in denen Nektar gespeichert ist. Dahinter sind die hellbraunen Kokons weiterer Arbeiterinnen zu sehen. Auf den Kokons befinden sich dunkelbraune Wachszellen mit Eiern oder noch ganz jungen Larven. Unten links: Das Volk ist deutlich gewachsen. Unten rechts: Im Sommer enthält das Nest viele Arbeiterinnen. Auf dem Höhepunkt der Volkentwicklung werden neue Königinnen und Männchen herangezogen.

Hocheusoziale Lebensweise

Die Kasten hocheusozialer Bienen unterscheiden sich im Körperbau deutlich, und es findet ein intensiver Futteraustausch zwischen den adulten Bienen statt. Dieser Typ ist nur bei Honigbienen (*Apis*) und Stachellosen Bienen der Tropen (z. B. *Trigona*, *Melipona*) repräsentiert. Die am besten bekannte hocheusoziale Biene ist die Westliche Honigbiene (*Apis mellifera*). Jedes Volk („Staat", engl. colony) besteht aus einem befruchteten Weibchen, der „Königin", mehreren tausend sterilen Weibchen, den „Arbeiterinnen" und zu bestimmten Zeiten des Jahres mehreren hundert Männchen, den „Drohnen". Unter natürlichen Bedingungen befindet sich das Volk in einem hohlen Baum oder einer Felshöhle. Der Imker bietet als Ersatz einen künstlichen Hohlraum, die „Beute" an. Im Innern wird eine Reihe paralleler Wachswaben gebaut. Jede dieser Waben hat eine Schicht horizontaler sechseckiger Zellen auf jeder Seite. In diesen Zellen wird die Nahrung gespeichert und die Brut aufgezogen. Die Zahl der Zellen beträgt gewöhnlich viele tausend, in einem sehr starken Volk bis zu 100 000. Im Gegensatz zur Hummelkönigin hat die Königin der Honigbiene die Fähigkeit verloren, ihre Brut zu füttern, Wachs zu produzieren, Waben zu bauen oder Nektar und Pollen zu sammeln. Sie kann sich sogar nicht mehr selbst ernähren, sondern ist völlig von der Versorgung durch die Arbeiterinnen abhängig. Die Königin verbringt ihre Zeit damit, über die Brutwaben zu laufen, Zellen zu inspizieren und in solche, die leer und vorbereitet sind, Eier („Stifte") zu legen. Sie legt zwei Typen von Eiern: befruchtete und unbefruchtete. Aus den befruchteten entstehen Arbeiterinnen oder Königinnen, aus den unbefruchteten Drohnen.

Eine sogenannte „Weiselzelle", in der eine neue Königin durch die ausschließliche Fütterung mit „Weiselsaft" herangezogen wird.

Blick auf die Wabe eines Honigbienen-Volkes mit Brutzellen, die teilweise mit gelbem Pollen gefüllt sind, teilweise die weißlichen Larven enthalten (oben rechts). Am rechten Rand sind bereits verdeckelte Zellen zu sehen, in denen sich die ausgewachsenen Larven über das Puppenstadium zum Vollinsekt entwickeln.

Ein Männchen der Auen-Buckelbiene (*Sphecodes albilabris*) beim Blütenbesuch an Jakobs-Greiskraut (*Senecio jacobaea*).

Parasitische Bienen („Kuckucksbienen")

Neben den Sammelbienen, die eigene Nester bauen und gezielt Futter für ihre Brut sammeln, gibt es auch parasitische Bienen, die sich der Brutfürsorge anderer Bienenarten bedienen. Mit über 140 Arten stellen sie rund ein Viertel der Bienenfauna Deutschlands. Bei diesen parasitisch lebenden Bienen unterscheiden wir zwei Gruppen: Sozialparasiten und Brut- oder Futterparasiten.

Weibchen der Kuckuckshummel *Bombus rupestris*, die bei der Steinhummel (*Bombus lapidarius*) schmarotzt.

Sozialparasiten

Sozialparasitische Bienen bauen weder eigene Nester, noch sammeln sie Nahrung. Vielmehr lassen sie ihre Brut von den Arbeiterinnen sozialer Bienen aufziehen. Charakteristische Sozialparasiten sind in unseren Breiten die Schmarotzerhummeln bzw. „Kuckuckshummeln". Das sind bestimmte Arten der Gattung *Bombus*, die mit den „echten" Hummeln nahverwandt sind und ihnen äußerlich sehr ähneln. Früher wurden sie in einer eigenen Gattung *Psithyrus* zusammengefasst. Die Weibchen haben an den Hinterbeinen keine Einrichtungen für den Pollentransport, und sie produzieren auch kein Wachs. Sie haben dunklere Flügel, ihr Flug ist schwerfälliger, und sie erzeugen beim Fliegen einen tiefen Brummton.

Männchen der Kuckuckshummel *Bombus rupestris* beim Blütenbesuch.

Sie erscheinen aus ihrem Winterquartier etwas später als ihre Hummelwirte. Das Weibchen einer Kuckuckshummel dringt in das Nest eines noch jungen Hummelvolkes ein, wobei ihm sein kräftiger Stachel und seine äußerst starken Kiefer helfen. Sein besonders hartes Außenskelett schützt es vor Stichen für den Fall, dass die Arbeiterinnen das Nest gegen den Eindringling verteidigen, was vor allem bei starken Völkern vorkommt. Um angreifende Arbeiterinnen abzuwehren, setzt das Schmarotzerweibchen auch Pheromone (Duftstoffe) als Vergrämungsmittel ein. Nach der Übernahme des Nestes legt das Weibchen seine Eier in ziemlich dickwandige Zellen, die es selbst auf bereits vorhandenen Hummelkokons errichtet. Es baut jede Zelle selbst und benutzt das mit Pollen vermischte Wachs der Hummelwabe. Die noch vorhandenen Arbeiterinnen der Wirtshummel füttern und pflegen dann die Larven der Schmarotzerhummel bis zu ihrer Verpuppung. Die einzelnen Schmarotzerhummelarten sind in der Wahl ihrer Wirte mehr oder weniger stark spezialisiert. Manche Arten haben nur eine Wirtsart, andere entwickeln sich bei mehreren Hummelarten.

Weibchen der Kuckuckshummel *Bombus campestris*, die bei der Ackerhummel (*Bombus pascuorum*) schmarotzt.

Brut- oder Futterparasiten

Brutparasiten nutzen die Brutfürsorgeleistungen anderer Bienen aus: Sie bauen wie die Sozialparasiten keine eigenen Nester und verproviantieren auch keine eigenen Brutzellen mit Pollen, sondern „schmuggeln" ihre Eier in die Brutzellen von Bienenarten mit solitärer, kommunaler oder sozialer Lebensweise. Die Schmarotzerlarve vernichtet zunächst das Wirtsei, indem sie es aussaugt oder die bereits geschlüpfte Wirtslarve mit ihren dolchartigen Oberkiefern tötet. Anschließend verzehrt sie den Futtervorrat. Wir sprechen deshalb auch von Futterparasiten. Normalerweise verteidigt die Wirtsbiene ihr Nest gegenüber dem Parasiten, sofern sie diesem begegnet. Ausnahmsweise (Gattung *Nomada*) kann auch ein friedfertiges Verhältnis bestehen. Adulte Kuckucksbienen sind immer entweder Weibchen mit vollentwickelten Ovarien oder Männchen. Meist sind sie kaum behaart und oft bunt gefärbt. Die Weibchen besitzen darüber hinaus keine Einrichtung für den Pollentransport, da sie ja keinen Pollen sammeln. Die meisten „Kuckucksbienen" sind an ganz bestimmte Wirtsbienen gebunden. Sie sind daher am ehesten in der Nähe der Wirtsnester anzutreffen und zu beobachten.

Ein Männchen der Gewöhnlichen Trauerbiene (*Melecta albifrons*) trinkt Nektar in der Blüte eines Zier-Schöterichs (*Erysimum*).

Ein Weibchen der Gewöhnlichen Trauerbiene schwebt über dem Nistplatz ihres Wirtes, der Frühlings-Pelzbiene (*Anthophora plumipes*).

Eine Larve der Düsterbiene *Stelis punctulatissima* (oben) hat die Larve der Wollbienenart *Anthidium nanum* (unten) bereits getötet und ernährt sich vom für die Wirtslarve eingetragenen Futterbrei (Brutzelle aufpräpariert).

Wespenbiene *Nomada lathburiana* ♀ –
Brutparasit von Sandbienen (*Andrena*).

Buckelbiene *Sphecodes monilicornis* ♀ –
Brutparasit von Schmalbienen (*Lasioglossum*).

Düsterbiene *Stelis punctulatissima* ♀ –
Brutparasit von Wollbienen (*Anthidium*).

Fleckenbiene *Thyreus orbatus* ♀ –
Brutparasit von Pelzbienen (*Anthophora*).

Kegelbiene *Coelioxys afra* ♀ –
Brutparasit von Blattschneiderbienen (*Megachile*).

Filzbiene *Epeolus cruciger* ♀ –
Brutparasit von Seidenbienen (*Colletes*).

Wann und wo findet man Wildbienen?

Wildbienen kann man vom zeitigen Frühjahr bis zum Herbst in den unterschiedlichsten Lebensräumen antreffen, im kühlen Hochmoor ebenso wie auf einem trockenheißen Felshang. Selbst in Hausgärten kann eine ganze Reihe von Arten leben, vorausgesetzt, sie finden dort vor, was sie zum Nestbau und für die Versorgung ihrer Brut benötigen.

Die einzelnen Wildbienenarten haben sehr unterschiedliche Flugzeiten. Bereits im zeitigen Frühling, wenn die Salweiden blühen, erscheinen die ersten Sandbienen (*Andrena*). Die Wildbienen-Saison reicht bis in den Spätsommer und Herbst, wenn mit dem Aufblühen des Efeus (*Hedera helix*) die Efeu-Seidenbiene (*Colletes hederae*) als letzte Art erscheint.

Honigbienen treffen wir draußen vom Vorfrühling bis zum Spätherbst an, nicht jedoch die überwiegende Zahl der Wildbienen. Mit Ausnahme der sozialen Arten (*Bombus*, einige *Lasioglossum*-Arten) erscheinen und fliegen Wildbienen zu ganz bestimmten Jahreszeiten. Wir bekommen diese Arten daher nur wenige Wochen im Jahr zu Gesicht. Bei Sandbienen ist dies besonders deutlich. Einige Arten (z. B. *Andrena clarkella*, *Andrena praecox*) zeigen sich schon Ende Februar oder Anfang März, während andere erst im August erscheinen wie *Andrena marginata*, die man in manchen Jahren noch im September beobachten kann. Bei den solitären und kommunalen Wildbienen kann man grob Arten des Frühjahrs, des Frühsommers, des Hochsommers und des Spätsommers unterscheiden

Holzbienen (*Xylocopa*) und Keulhornbienen (*Ceratina*) schlüpfen noch im Jahr ihrer Entwicklung, überwintern in beiden Geschlechtern als adulte Tiere unverpaart in größeren Hohlräumen (*Xylocopa*) oder in hohlen Stängeln und Zweigen (*Ceratina*) und paaren sich erst im Frühling bzw. Frühsommer.

Das Brutgeschäft beginnen die Weibchen der meisten Arten unmittelbar nach der Begattung. Bei den meisten Furchen- und Schmalbienen (*Halictus*, *Lasioglossum*) und Buckelbienen (*Sphecodes*) sowie bei allen Hummeln und Schmarotzerhummeln (*Bombus*) überwintern die begatteten Weibchen und schreiten erst nach der Überwinterung zur Brut.

Da sich die Lebensräume der Wildbienen stark unterscheiden können, ist auch das Spektrum an Arten nicht überall gleich. Der Lebensraum einer typischen Wildbienenart muss immer folgende Bedingungen erfüllen:

- Einen von der Art benötigten Nistplatz.
- Blühende Nahrungspflanzen in ausreichender Menge. Bei spezialisierten Wildbienen müssen diese zu ganz bestimmten Pflanzenfamilien oder -gattungen gehören.
- Bei zahlreichen Arten außerdem das für den Bau der Brutzellen erforderliche Baumaterial.

Der Gesamtlebensraum kann sich aus mehreren Teillebensräumen zusammensetzen, in denen jeweils die benötigten Erfordernisse (Nistplatz, Nahrungspflanze, Baumaterial) erfüllt sind (siehe Grafik). Die (Teil-)Lebensräume der Wildbienen umfassen Geländeausschnitte sehr unterschiedlicher Größe und Komplexität. Da sich Nistplatz, Nahrungsraum und Materialentnahmestelle oft räumlich nicht decken, ist deren Verbund in jeweils erreichbarer Entfernung (bei kleinen Bienen nicht mehr als 200–300 m) ausschlaggebend für das Vorkommen der meisten Arten. Dies ist auch bei Maßnahmen am Haus und im Garten zu berücksichtigen.

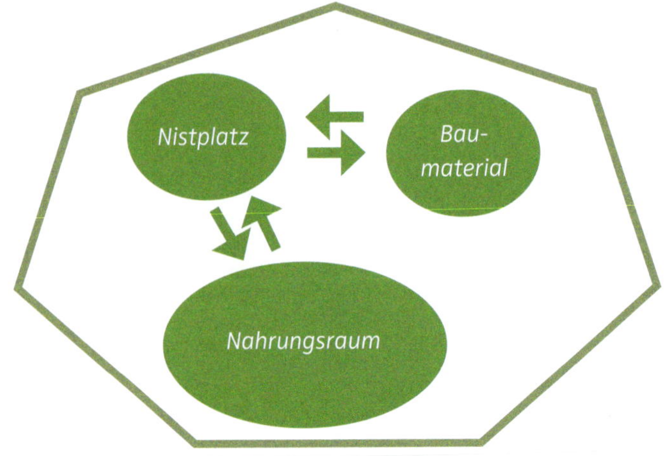

Beispiele für charakteristische (Teil-)Lebensräume von Wildbienen

Waldränder

Ein nach Südwesten exponierter Waldrand, an den artenreiches Grünland angrenzt. Hier wurden in zwei Jahren 67 Bienenarten nachgewiesen, von denen die meisten in dem hier anstehenden Löss nisten. Eine wichtige Nistressource ist auch stehendes, besonntes Totholz. Regelmäßig angetroffen wurden hier die Sandbienen *Andrena clarkella* und *Andrena humilis* mit ihren jeweiligen Kuckucksbienen *Nomada leucopthalma* und *Nomada integra*. Solche Wald-Offenland-Übergangsbereiche bieten vielfach einer größeren Zahl von Bienenarten geeignete Lebensbedingungen. (Naturraum „Schönbuch und Glemswald")

Wiesen

Zweischüriges, nur mäßig gedüngtes Grünland hat eine sehr hohe Bedeutung für viele Wildbienenarten. Hier blühen Wiesen-Bocksbart (*Tragopogon pratensis*) und Wiesen-Glockenblume (*Campanula patula*), die den Sandbienen *Andrena fulvago* und *Andrena pandellei* als Pollenquellen dienen. Die immer intensivere Grünlandnutzung, u. a. für Silage und zur „Fütterung" von Biogasanlagen, führt zum großflächigen Verlust unersetzlicher Nahrungspflanzen. (Naturraum „Mittlere Kuppenalb")

Magerrasen auf Kalk

Die besonderen kleinklimatischen Verhältnisse der Trocken- und Halbtrockenrasen und die meist geringe Nutzungsintensität ermöglichen vielen, insbesondere wärmeliebenden Bienenarten, hier zu leben. Der Blütenreichtum bietet zahlreichen Bienenarten ein hervorragendes Futterangebot, darunter Mauerbienen wie *Osmia xanthomelana*, *Osmia aurulenta*, *Osmia bicolor* und *Osmia rufohirta* (Naturraum „Mittlere Kuppenalb")

Binnendünen und Flugsandfelder

Binnendünen und Flugsandfelder gehören zu den am meisten gefährdeten Lebensräumen. Sandabgrabungen, Wohnbebauung, die Ausdehnung von Gewerbegebieten und der Spargelanbau haben zum Rückgang beigetragen. Hier leben so seltene Arten wie die Steppenbiene *Nomioides minutissimus* und die Schmalbiene *Lasioglossum prasinum* und bis zu 100 weitere Bienenarten. (Naturraum „Nördliche Oberrhein-Niederung")

Zwergstrauchheiden

Die Vielfalt nektar- und pollenspendender Pflanzen ist in Zwergstrauchheiden zwar nicht sehr groß. Stattdessen kommen einzelne Pflanzenarten stellenweise in sehr großen Beständen vor, die wie das Heidekraut (*Calluna vulgaris*) hohe Bestandsdichten oligolektischer Sandbienen wie *Andrena fuscipes* und Seidenbienen wie *Colletes succinctus* ermöglichen. (Naturraum „Nördliche Oberrhein-Niederung")

Schilfröhrichte

Landschilfröhrichte sind zwar arm an Wildbienen, werden aber von einigen hochspezialisierten Wildbienen besiedelt, die hier ihren bevorzugten Nistplatz haben. Dies sind vor allem die Maskenbienen *Hylaeus pectoralis*, *Hylaeus moricei* und *Hylaeus pfankuchi*. (Naturraum „Hegau")

Moore
Die bisher in natürlichen Hochmooren nachgewiesenen Wildbienen kommen, mit Ausnahme der Mauerbiene *Osmia laticeps*, auch in anderen Lebensräumen vor. Neben Hummeln und der Schmalbiene *Lasioglossum fratellum* werden von blühenden Heidekrautgewächsen die Sandbienen *Andrena lapponica* und *Andrena fuscipes* sowie die Seidenbiene *Colletes succinctus* angelockt. (Naturraum „Hochschwarzwald")

Hochstauden an Graben- und Gewässerrändern
An hochstaudenreichen Graben- und Gewässerrändern blühen im Hochsommer zwar nur wenige Pflanzenarten, aber Gewöhnlicher Gilbweiderich (*Lysimachia vulgaris*) und Blutweiderich (*Lythrum salicaria*) sind unersetzliche Pollenquellen der Sägehornbiene *Melitta nigricans* und der Schenkelbiene *Macropis europaea*. (Naturraum „Mittleres Schwäbisches Albvorland")

Steinbrüche
Steinbrüche mit ihrem meist trockenwarmen Klima und ihrer besonderen Vegetation werden von einer ganzen Reihe hochspezialisierter Wildbienen besiedelt. Ihre Offenhaltung, also das Verhindern des Zuwachsens mit Gehölzen, ist eine der wichtigsten Ziele für den Artenschutz. In dem hier gezeigten Steinbruch lebt u. a. die seltene Blattschneiderbiene *Megachile maritima* mit ihrer Kuckucksbiene *Coelioxys conoidea*. (Naturraum „Obere Gäue")

Sand-, Kies- und Lehmgruben

Sand-, Kies- und Lehmgruben sind Ersatzlebensräume für die in Mitteleuropa weitgehend zerstörten natürlichen Flussauen. Sie sollten deshalb nicht „renaturiert" oder verfüllt werden, sondern durch Pflegemaßnahmen so lange wie möglich offen bleiben. Hier finden sich große Kolonien der Frühlings-Seidenbiene (*Colletes cunicularius*) mit ihrem Kuckuck *Sphecodes albilabris* und der Gelbbindigen Furchenbiene (*Halictus scabiosae*). (Oberer Neckar zwischen Tübingen und Rottenburg)

Steilwände aus Sand, Lehm oder Löss

Vertikale, sonnenbeschienene Erdaufschlüsse, also niedrige oder höhere Steilwände (v. a. in Sand- und Lössgebieten), sind die bevorzugten Nistplätze einer ganzen Reihe bodennistender Arten, die vertikale Strukturen bevorzugen. In dieser Wand nisten alljährlich u. a. die Furchenbiene *Halictus quadricinctus* und die Schmalbiene *Lasioglossum costulatum*. (Naturraum „Kaiserstuhl")

Deiche entlang von Küsten und Flüssen

Auf Deichen wie dem Hauptdamm, der den Rhein in sein heutiges Bett zwingt, finden sich artenreiche Magerwiesen sowie eine vielfältige Saum- und Ruderalvegetation. Auch wegen der guten Nistbedingungen für bodennistende Arten sind Hochwasserdämme Lebensraum für mehr als 200 Bienenarten. (Naturraum „Nördliche Oberrhein-Niederung")

Streuobstwiesen

Streuobstwiesen sind besonders artenreiche Lebensräume, wenn sie in traditioneller Weise bewirtschaftet und gepflegt werden. Zu ihrer typischen Tierwelt zählen auch Wildbienen wie die Langhornbiene *Eucera nigrescens* mit der Wespenbiene *Nomada sexfasciata* und viele weitere Sandbienen- und Schmalbienenarten. (Naturraum „Mittleres Schwäbisches Albvorland")

Hecken und Feldgehölze

Lage, Alter, Struktur und Zusammensetzung und nicht zuletzt der Untergrund (Sand, Lehm) bestimmen das Auftreten von Wildbienen. Neben den Gehölzen sind auch die im Saum blühenden krautigen Pflanzen begehrte Nahrungsquellen z. B. der Sandbienen *Andrena haemorrhoa* und *Andrena proxima*. Begleitwege sind beliebte Nistplätze. (Naturraum „Mittlere Frankenalb")

Pionier- und Schuttfluren

Flächen mit Pionier- und Ruderalvegetation, besonders auf Sand und Löss, beherbergen meist zeitlich begrenzt Pflanzenarten, die für viele Pollenspezialisten wichtig sind. Hier blühen Herden des Ackersenfs (*Sinapis arvensis*). Für Sandbienen wie *Andrena agilissima, Andrena distinguenda* und *Andrena niveata* ist eine solche Stelle von höchster Attraktivität. (Naturraum „Kaiserstuhl")

Eigenartige Schlafplätze

Nachts, bei schlechtem Wetter oder in den Mittagsstunden sehr heißer Tage sind Wildbienen in der Regel inaktiv. Sie ruhen dann entweder in ihren Nestern, in sonstigen Hohlräumen, graben sich ein oder suchen Blüten zum Schlafen auf. Manche halten sich nur mit der Kraft ihrer Oberkiefer an einem Blatt, einem kleinen Zweig oder einem Grashalm fest und verharren regungslos mit hängendem oder waagrecht abstehendem Körper.

Vor allem Kegelbienen (*Coelioxys*), Filzbienen (*Epeolus*), Wespenbienen (*Nomada*) sowie Woll- und Harzbienen (*Anthidium*) findet man an verschiedenen Pflanzenteilen festgebissen, manchmal auch zu mehreren. Die Männchen von Furchen- und Schmalbienen (*Halictus*, *Lasioglossum*), Sägehornbienen (*Melitta*) und Hosenbienen (*Dasypoda*) versammeln sich gern zur gemeinsamen Nachtruhe auf dürren Fruchtständen und bilden dann größere Schlafgemeinschaften.

Insgesamt elf (!) Männchen der Luzerne-Sägehornbiene (*Melitta leporina*) haben sich an einem dürren Fruchtstand zum Schlafen versammelt. Solche Schlafgesellschaften kann man mit viel Glück an ein und derselben Stelle über Tage hinweg beobachten.

Zwei Männchen der Wald-Schenkelbiene (*Macropis fulvipes*) haben sich an einem Hahnenfuß-Fruchtstand zum Schlafen eingefunden. Diesen Schlafort nutzten die zwei Männchen in mehreren aufeinander folgenden Nächten.

Ein Weibchen der Kegelbiene *Coelioxys afra* an einem dürren Feld-Beifuß-Zweig (*Artemisia campestris*). Die Art ist ein Brutparasit von Blattschneiderbienen (*Megachile*)

Ein Weibchen der in Deutschland ausgestorbenen Steppenglanzbiene (*Ammobatoides abdominalis*) kopfüber an einem Grashalm. Diese Art ist ein Brutparasit der Schwebebiene (*Melitturga clavicornis*).

Ein Männchen der in Deutschland ausgestorbenen Schwebebiene (*Melitturga clavicornis*). Bemerkenswert sind die außergewöhnlich großen Komplexaugen.

Ein Weibchen der Distel-Wollbiene (*Anthidium nanum*) an einem dürren Grashalm.

Ein Weibchen der Großen Harzbiene (*Anthidium byssinum*) am Ende eines Grashalms hängend.

Ein Männchen der Kleinen Harzbiene (*Anthidium strigatum*) hat sich am Ende eines Halmes festgebissen.

Blüten im Leben der Wildbienen-Männchen

Die meisten Blüten bieten den Blütenbesuchern als Nahrung ***Nektar*** *an, der unter den Anlockungsmitteln der Blüten an erster Stelle steht. Nektar ist im Wesentlichen eine wässrige, leicht verdauliche Zuckerlösung und eine rasch umsetzbare Energiequelle. Für die adulten (erwachsenen) Bienen ist er z. B. „Treibstoff" für den Flug. Vielfach wird er von Wildbienen auch der Larvennahrung hinzugefügt.*

Selbst bei nahverwandten Wildbienenarten ein und derselben Gattung (z. B. *Osmia*) kann sein Anteil in der Brutzelle im Vergleich zum Pollen sehr unterschiedlich sein, bei der einzelnen Bienenart ist er aber immer konstant. So häuft die Rostrote Mauerbiene (*Osmia bicornis*) einen sehr trockenen, weil nektararmen Pollenvorrat in der Brutzelle an, die nahverwandte Gehörnte Mauerbiene (*Osmia cornuta*) dagegen gibt mehr Nektar hinzu, so dass wir einen feuchteren Pollenklumpen vorfinden. Bienen verleiben sich den Nektar mit Hilfe ihres Rüssels ein.

Selbstversorgung mit Nektar

Bei spezialisierten Arten, deren Weibchen nur an bestimmten Pflanzen Pollen sammeln, werden auch die Männchen in der Regel (aber nicht ausschließlich) an diesen Pflanzen Nektar trinkend angetroffen, sofern sie in ihren Blüten Nektar darbieten. Die Männchen der Zaunrüben-Sandbiene (*Andrena florea*) z. B. werden fast ausschließlich an der Zaunrübe (*Bryonia*) beobachtet. Die Männchen der Knautien-Sandbiene (*Andrena hattorfiana*) besuchen vorwiegend Witwenblumen (*Knautia*) oder Skabiosen (*Scabiosa*), die bevorzugten Pollenquellen ihrer Weibchen.

Die Männchen spezialisierter Arten werden aber auch beim Nektarbesuch in den Blüten solcher Pflanzen angetroffen, in denen die Weibchen nie Pollen sammeln. So trinken z. B. die Männchen von Sandbienenarten, die auf Glockenblumengewächse spezialisiert sind, auch in den Blüten des Storchschnabels (*Geranium*) Nektar, insbesondere dann, wenn die Glockenblumen noch nicht aufgeblüht sind.

Hier saugt ein Männchen der Zaunrüben-Sandbiene (*Andrena florea*) auf der männlichen Blüte der Rotfrüchtigen Zaunrübe (*Bryonia dioica*) den im Blütengrund dargebotenen Nektar.

Ein Männchen der Knautien-Sandbiene (*Andrena hattorfiana*) beim Blütenbesuch auf einer Wiesen-Knautie (*Knautia arvensis*), der deutlich bevorzugten Pollenquelle des Weibchens dieser Art. Die weiße Färbung des Kopfschilds ist ein typisches Merkmal des Männchens dieser Sandbienenart.

Ein Männchen der auf Glockenblumengewächse spezialisierten Braunschuppigen Sandbiene (*Andrena curvungula*) verköstigt sich mit Nektar in einer Blüte des Pyrenäen-Storchschnabels (*Geranium pyrenaicum*).

Suche nach unbegatteten Weibchen

Blüten dienen vielfach als „Rendevousplätze". Bei einigen Spezialisten findet die Paarung (Kopula) regelmäßig in den Blüten der artspezifischen Pollenquellen statt. So paaren sich z.B. die Braunschuppige Sandbiene (*Andrena curvungula*) und die Grauschuppige Sandbiene (*Andrena pandellei*) in Glockenblumen-Blüten. Zu beachten ist ferner, dass sich die Männchen solcher Arten beim Anflug häufig auf die Blütenblätter setzen, ohne Nektar zu trinken.

Paarung der Blauschillernden Sandbiene (*Andrena agilissima*) am Rande eines Ackers, auf dem zahlreiche Exemplare des Ackersenfs (*Sinapis arvensis*) blühten, einer der wichtigsten Pollenquellen dieser Bienenart. Während ein Männchen (rechts) mit dem Weibchen verpaart ist, hat ein zweites Männchen (links) das kopulierende Weibchen ebenfalls gepackt. Dieses versucht, das Männchen mit seinen Hinterbeinen abzuschütteln, was ihm aber erst nach einigen Minuten gelingt.

Eine Paarung der Schwarzglänzenden Keulhornbiene (*Ceratina cucurbitina*) auf einer Blüte des Purpur-Geißklees (*Chamaecytisus purpureus*).

Verteidigung von Blütenrevieren

Die Männchen vieler Bienenarten besuchen Blüten, um unbegattete Weibchen zu finden. Die Blüten dienen demnach als Treffpunkte der Geschlechter. Die gelb-schwarz gefärbte Garten-Wollbiene (*Anthidium manicatum*) zeigt dabei ein ganz außergewöhnliches Territorialverhalten. Das Revier besteht aus einer eng umgrenzten Gruppe von Blütenständen, meist Lippenblütern, die von den Weibchen zum Sammeln von Pollen aufgesucht werden. Dieses Territorium wird vom Männchen nicht nur gegen „Nebenbuhler", also Männchen der eigenen Art, verteidigt, sondern auch gegen artfremde Eindringlinge wie Hummeln oder Honigbienen. Das Männchen fliegt bei schönem Wetter ständig zwischen den Blütenständen hin und her, saugt vereinzelt Nektar und ruht hin und wieder z. B. auf Blättern. Kurze, geradlinige Flüge sind unterbrochen von kurzen Phasen des Stehflugs oder Schwebens zwischen den Blütenständen. Sobald ein Weibchen auftaucht, schwebt das Männchen für einige Sekunden hinter ihm, stürzt sich dann meistens auf das Weibchen, packt es mit den Beinen und paart sich mit ihm. Durch die Revierverteidigung erhöht sich für das Männchen die Chance einer Paarung.

Garten-Wollbiene (*Anthidium manicatum*) bei der Paarung, die man in einem wildbienenfreundlichen Garten im Sommer oft beobachten kann.

In Blüten schlafen

Besonders die Blüten von Glockenblumen (*Campanula*), Storchschnabel (*Geranium*) und Malven (*Malva*) und die Köpfchen von Wegwarten (*Cichorium*) oder Habichtskraut (*Hieracium*) werden von den Männchen mehrerer Arten aus verschiedenen Gattungen zum Schlafen bevorzugt.

Sechs Männchen der Grauschuppigen Sandbiene (*Andrena pandellei*) haben bei regnerischem Wetter in einer Blüte der Rundblättrigen Glockenblume (*Campanula rotundifolia*) Schutz gesucht.

Das Bienennest

Das Nest einer Biene ist ein von ihr konstruierter Bau, in dem sie ihre Eier auf vorher deponiertes Futter ablegt oder die Larven kontinuierlich mit Nahrung versorgt. Grundelemente des Nestes sind die Brutzellen, das sind fast immer streng abgegrenzte und voneinander durch Trennwände isolierte Kammern, in denen die gesamte Entwicklung einer einzelnen Biene vom Ei bis zum Vollinsekt (Imago) verläuft.

Verzweigter Linienbau der Großen Harzbiene (*Anthidium byssinum*). Das Nest lag wenige Zentimeter tief im Lehmboden eines Waldrandes.

Nest der Luzerne-Blattschneiderbiene (*Megachile rotundata*) mit vier Brutzellen in einem Bambusröhrchen.

Nest der Gewöhnlichen Keulhornbiene (*Ceratina cyanea*) in einer Brombeerranke. Die Zellzwischenwände bestehen aus Brombeermark.

Die Größe der Brutzelle entspricht normalerweise der Größe der sich in ihr entwickelnden Biene. Lediglich bei den Hummeln entwickeln sich mehrere Larven in einer gemeinsamen Kammer, die im Verlauf des Larvenwachstums erweitert wird. Zwar bauen Grab-, Weg- und Faltenwespen ebenfalls Nester, in der Mannigfaltigkeit der Nestbauten werden sie jedoch bei weitem von den Bienen übertroffen. Die Vielfalt der Nestbauten und der hierzu verwendeten Baumaterialien ist ausgesprochen groß. Von einer ganzen Reihe von Arten wissen wir aber noch nicht, wie ihr Nest aussieht und welche Materialien sie benutzen.

Nester, die grundsätzlich einzellig sind, treten bei Bienen sehr selten auf. Regelmäßig finden sie sich wohl nur bei der Mohn-Mauerbiene (*Osmia papaveris*). Hin und wieder legen auch andere Bienen als Folge ungünstiger Bedingungen ausnahmsweise nur eine Zelle an.

Bei den mehrzelligen Nestern kann man nach der Architektur grob vier Bautypen unterscheiden:

Linienbauten

Mehrere Zellen in einer Reihe, wobei der Deckel der ersten Zelle zugleich den Boden der zweiten bildet. Nester in der Erde, in markhaltigen und hohlen Pflanzenstängeln, in Käferfraßgängen und gleichartigen röhrenförmigen Hohlräumen; u. a. bei Maskenbienen (*Hylaeus*), Harzbienen (*Anthidium*), Mauerbienen (*Osmia*), Scherenbienen (*Chelostoma*), Löcherbienen (*Heriades*), Blattschneiderbienen (*Megachile*), Pelzbienen (*Anthophora*), Holzbienen (*Xylocopa*) und Keulhornbienen (*Ceratina*).

Zweigbauten

Von einem Hauptgang führen kurze Seitengänge zu den Brutzellen in der Erde. Bei Schlürfbienen (*Rophites*), Glanzbienen (*Dufourea*), Spiralhornbienen (*Systropha*), Furchenbienen (*Halictus*), Schmalbienen (*Lasioglossum*), Sandbienen (*Andrena*), Hosenbienen (*Dasypoda*), Schwebebienen (*Melitturga*) und Langhornbienen (*Eucera*).

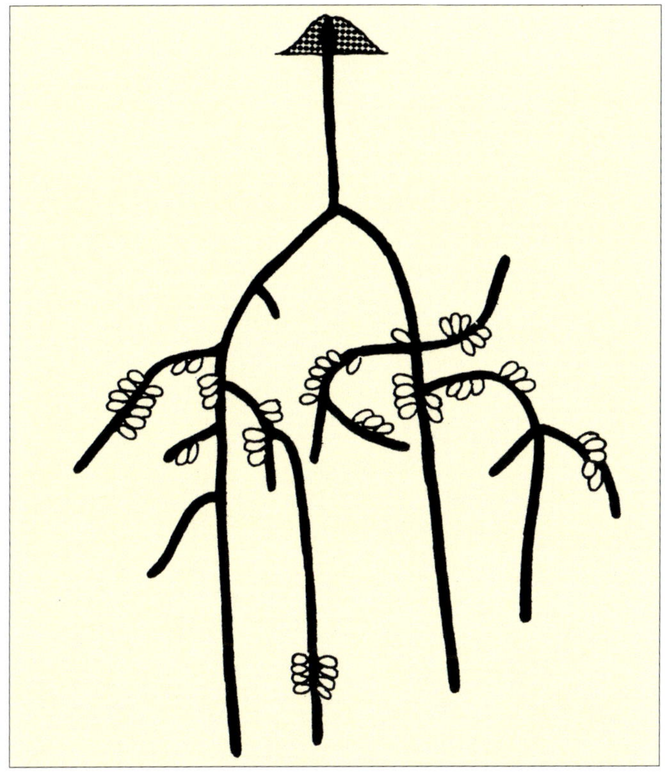

Nest der Pförtner-Schmalbiene (*Lasioglossum malachurum*) während der letzten Phase der Verproviantierung mit typischer Anordnung der Brutzellen (nach Knerer 1992, Zool. Jb. Syst. 119: 271).

Haufenbauten

Zellkomplexe frei an Steinen bei einigen Mauerbienen (*Osmia*) und bei der Schwarzen Mörtelbiene (*Megachile parietina*, oben); Zellreihen bei der Kleinen Harzbiene (*Anthidium strigatum*, S. 65); in Hohlräumen bei der Garten-Wollbiene (*Anthidium manicatum*, S. 60); Zellhaufen auch bei Hummeln (*Bombus*, S. 33f).

Nest der Schwarzen Mörtelbiene (*Megachile parietina*, Pfeil) in einer kantigen Vertiefung eines zur Hangsicherung eingebauten Bruchsteins. Das kleinere Foto zeigt das Nest in Vergrößerung (siehe auch S. 56).

Wabenbauten

Als Grabwaben in der Erde: bei der Vierbindigen Furchenbiene (*Halictus quadricinctus*) und einigen Schmalbienen (*Lasioglossum*, links). Aus Wachs in Hohlräumen: bei der Honigbiene.

Typische Brutwabe der Vierbindigen Furchenbiene (*Halictus quadricinctus*) in einer Lösswand mit einer geöffneten Brutzelle, in der die Larve auf dem Pollenballen liegt.

Blick von Osten über Vogtsburg auf Badberg und Haselschacher Buck (rechter Bildrand). In dieser reichstrukturierten Landschaft des Kaiserstuhls finden mindestens 120 Bienenarten einen für sie geeigneten Nistplatz. Trockenrasen, Magerwiesen, Felsen, Lösswände, Hecken, Gehölze mit Totholz, Ruderalstellen und Gebäude enthalten die unterschiedlichsten Elemente, Strukturen und Substrate für die Nestanlage und erfüllen damit die meist sehr speziellen Ansprüche für den Nestbau.

Ein Platz zum Nisten gesucht

Mit Ausnahme der parasitischen Bienen benötigen alle Wildbienenarten einen Ort, an dem sie ihr Nest bauen können. In der Wahl ihrer Nistplätze sind alle Arten mehr oder weniger spezialisiert. Es ist daher von entscheidender Bedeutung für die Verbreitung und Häufigkeit einer Bienenart, ob und in welchem Umfang geeignete Nistplätze zur Verfügung stehen.

Zu unterscheiden ist zwischen den Lebensräumen und den Erfordernissen (Requisiten) für die Nestanlage (Nistsubstrate, Strukturen, Elemente, Nahrungspflanzen).

Bienennester findet man (oft nur durch Zufall und mit viel Glück)

- in der Erde (selbstgegraben)
- in Tot- und Morschholz (selbstgenagt)
- in markhaltigen Pflanzenstängeln (selbstgenagt)
- in leeren Schneckenhäusern
- in alten Pflanzengallen
- in Fraßgängen von Käfern, Holzwespen und Schmetterlingen
- in sonstigen vorhandenen Hohlräumen
- an Steinen und Felsen (gemörtelt)
- an Stängeln oder Baumstämmen (aus Harz gefertigt).

Bienen, die im Erdboden nisten, bauen in ebenen oder nur schwach geneigten oder in vertikalen Flächen (Steilwänden). Diese können völlig vegetationsfrei oder schütter oder dicht bewachsen sein. Viele Arten nisten nur im Sandboden, andere wiederum nur in Löss oder Lehm, wieder andere nehmen mit allerlei Substraten vorlieb. Bei den einen muss der Boden locker, bei den anderen fest sein. Die vielen unterschiedlichen Ansprüche lassen erkennen, dass es kaum einen Lebensraum auf der Erde gibt, in dem keine Wildbienen vorkommen.

Eine weitere Voraussetzung für die erfolgreiche Nutzung eines Nistplatzes ist das Vorhandensein bestimmter Materialien bei solchen Arten, die keine eigenen Drüsensekrete zur Auskleidung der Brutzellen verwenden (siehe S. 59).

Rund 63 % der nestbauenden Bienen nisten im Erdboden, oft an vegetationsfreien oder nur schütter bewachsenen Stellen. Das Bild zeigt einen Nistplatz der Mohn-Mauerbiene (*Osmia papaveris*) in einem Sandgebiet der nördlichen Oberrheinebene. Das Bodennest (im Stadium der Verproviantierung) ist durch einen Pfeil gekennzeichnet.

Schmalbiene *Lasioglossum pauxillum* mit Pollen vor dem Erdnest.

Ein Weibchen der Schwarzen Mörtelbiene (*Megachile parietina*) an seiner Brutzelle auf einem Felsen. Diese Art ist extrem selten geworden und in Deutschland vom Aussterben bedroht. Der Schutz ihrer Lebensgrundlagen hat höchste Priorität, sollen nachfolgende Generationen noch ihr einzigartiges Verhalten bei Nestbau und Eiablage erleben können.

Felsen wie hier im Nördlinger Ries, Gesteinsbrocken (Findlinge), größere Kiesel und Trockenmauern sind die Nistplätze einiger Bienenarten, die sogenannte Freibauten gut sichtbar auf Gesteinen oder in deren kantigen Vertiefungen errichten. Zu nennen sind hier v. a. die Schwarze Mörtelbiene (*Megachile parietina*) und die *Mauerbienen Osmia anthocopoides*, *Osmia lepeletieri*, *Osmia ravouxi* sowie im Alpenraum *Osmia loti*.

Verschiedene sich im Holz entwickelnde Käfer wie hier der Echte Widderbock (*Clytus arietis*, links), Holzwespen (Siricidae) oder Schmetterlinge (u. a. Sesiidae) hinterlassen nach dem Schlüpfen als adultes Insekt röhrenförmige Hohlräume, die von den verschiedensten Bienenarten, aber auch von Grabwespen und solitären Faltenwespen als sogenannte „Nachmieter" als Nistmöglichkeit genutzt werden. Das rechte Foto zeigt zwölf solcher Ausschlupflöcher.

Osmia rufohirta. Weibchen auf dem Haus der Westlichen Heideschnecke.

Geöffnetes Nest derselben Art mit Pollenvorrat und junger Larve.

Leere Schneckengehäuse dienen einigen Bienenarten als ausschließliche Nistplätze. Die wichtigsten, bislang in Mitteleuropa als Niststrukturen bekannt gewordenen Schneckenarten sind oben abgebildet.

Es handelt sich um folgende Arten:
1: *Helicella pomatia* (Weinbergschnecke)
2: *Cepaea nemoralis* (Hain-Schnirkelschnecke)
3: *Cepaea hortensis* (Garten-Schnirkelschnecke)
4: *Arianta arbustorum* (Gefleckte Schnirkelschnecke)
5: *Bradybaena fruticum* (Genabelte Strauchschnecke)
6: *Helicella itala* (Westliche Heideschrecke)
7: *Zebrina detrita* (Weiße Vielfraßschnecke)

In Mitteleuropa nisten die folgenden, teilweise extrem seltenen Bienenarten ausschließlich in leeren Schneckengehäusen:

Osmia andrenoides	*Osmia aurulenta*
Osmia bicolor	*Osmia rufohirta*
Osmia spinulosa	*Osmia versicolor*
Osmia viridana	*Anthidium septemdentatum*

Da Schnecken für ihre Entwicklung Kalk benötigen, sind diese Bienenarten besonders typisch für Kalkstein-Gebirge (z. B. Schwäbische und Fränkische Alb, Kalkalpen) und für Lössgebiete (Kaiserstuhl).

Ein Weibchen der Mohn-Mauerbiene (*Osmia papaveris*) hat von dem Rand des Klatsch-Mohn-Blütenblatts ein Stück abgebissen und zu einem Päckchen geformt. Im nächsten Augenblick wird es zu seinem Nest im sandigen Feldweg fliegen.

Pflanzliches für den Nestbau

Masken- und Seidenbienen, Sandbienen, Zottelbienen, Furchen- und Schmalbienen sowie Pelzbienen, die ihre Nester in selbstgegrabenen Hohlräumen im Boden anlegen, verwenden für die Auskleidung ihrer Brutzellen Sekrete, die in speziellen Drüsen im Kopf oder Hinterleib produziert werden. Bei Hummeln und Honigbienen nennen wir das Produkt solcher Drüsen Wachs. Einige Mauerbienen, Scherenbienen und Mörtelbienen verwenden jedoch mineralische Baustoffe (Lehm, Sand, Steinchen). Ganz im Gegensatz dazu haben sich bestimmte Woll- und Harzbienen, Mauerbienen, Löcherbienen, Blattschneiderbienen, Holzbienen und Keulhornbienen auf Pflanzenmaterial verschiedenster Herkunft zum Nestbau spezialisiert. Die Verwendung all dieser Materialien ist im Erbprogramm der jeweiligen Bienenart verankert. Ohne entsprechende Stoffe können diese Arten daher keine Nester bauen.

Alle Arten der Gattung *Lasioglossum* (Schmalbienen) und viele andere Bienenarten kleiden die Wände ihrer Zellen mit selbstproduzierten Drüsensekreten aus, nachdem sie einen Hohlraum vorbereitet haben. Das Bild zeigt eine Zelle der Schmalbiene *Lasioglossum pauxillum*.

Folgende pflanzliche Materialien finden beim Nestbau von Wildbienen Verwendung:

- Stücke von Laubblättern
- Stücke von Blütenblättern
- breiartig zerkleinerte Blattstücke (Pflanzenmörtel)
- abgeschabte Pflanzenhaare
- abgenagte kurze Holzfasern
- Baumharz

Seidenbienen (*Colletes*) produzieren in einer Hinterleibsdrüse (Dufour-Drüse) und in Kopfdrüsen Sekrete, deren Gemisch eine seidenartige Auskleidung der Wand der Brutzelle ergibt. Hier sind zwei Zellen der Rainfarn-Seidenbiene (*Colletes similis*) zu sehen.

In den Bildern links schabt die Garten-Wollbiene (*Anthidium manicatum*) mit ihren Oberkiefern die Pflanzenhaare von einer Strohblume (*Helichrysum arenarium*) und formt sie zu einem Ballen. Mit ihm fliegt sie zu einem vorhandenen Hohlraum, wo sie aus diesem Material das aus mehreren Brutzellen bestehende Nest baut. Im rechten Bild wurden zwei Brutzellen vorsichtig geöffnet, um ein Ei (oben) und eine junge Larve (unten) sichtbar zu machen.

Die Schwarzbauchige Blattschneiderbiene (*Megachile nigriventris*) schneidet mit ihren Mundwerkzeugen von einem Laubblatt der Hainbuche ein Stück aus (oben links). Sie fliegt damit zu einem morschen Fichtenstamm (oben rechts), in dem dicht hintereinander die Brutzellen aus länglichen und rundlichen Blattstückchen gebaut werden. Ein fertiges Nest aus vier Brutzellen ist unten links zu sehen.

Zweig einer Schneebeere (*Symphoricarpos albus*), an dem jedes Blatt von einer Blattschneiderbiene zur Gewinnung von Baumaterial genutzt wurde.

Die Blauschwarze Holzbiene (*Xylocopa violacea*, links) nistet in hartem Totholz. Zum Bau der Wände, die die einzelnen Brutzellen (rechts) voneinander trennen, verwendet sie von der Seitenwand abgenagte Holzspäne.

Besonders eigenartig ist die Brutzelle der sehr seltenen Mauerbiene *Osmia mitis*. Sie ist ganz aus abgebissenen Blättchen des Sonnenröschens (*Helianthemum*) gebaut, die wie die Schuppen eines Kiefernzapfens ineinander gesetzt sind (links). Das rechte Bild zeigt eine vorsichtig aufpräparierte Brutzelle mit dem dunkelgelben Pollen einer Glockenblume (*Campanula*) und dem darauf abgelegten, weißlichen Ei.

Die Goldene Schneckenhaus-Mauerbiene (*Osmia aurulenta*, oben links) beißt von einem Sonnenröschen kleine Blattstücke ab, zerkleinert sie mit ihren Kiefern zu Pflanzenmörtel und beklebt damit das Äußere des als Nistplatz gewählten leeren Hauses der Weinbergschnecke (*Helix pomatia*, oben rechts und unten links). Nach dem Bau mehrerer Brutzellen im Innern wird das Haus mit Erdbröckchen und Steinchen sowie Pflanzenmörtel verschlossen (unten rechts). In Kalkgebieten sind diese und die Zweifarbige Mauerbiene (*Osmia bicolor*) manchmal auch in (Stein-)Gärten anzutreffen.

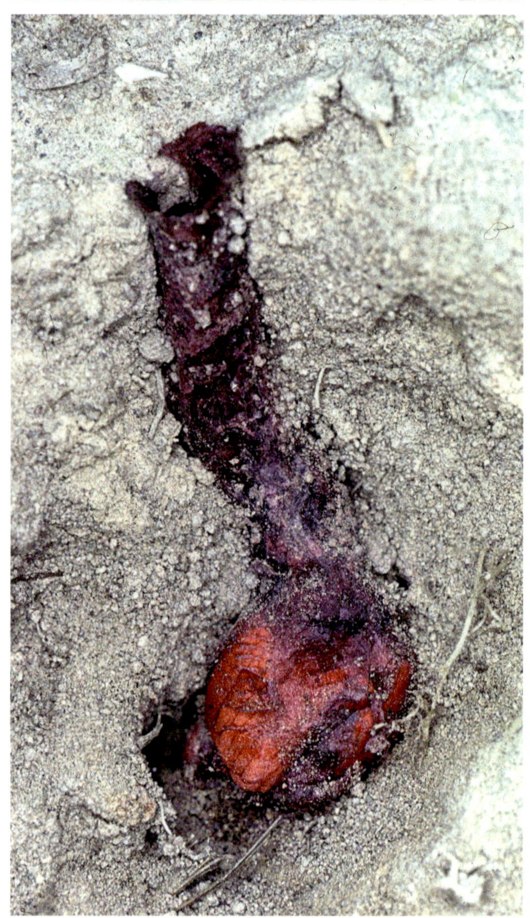

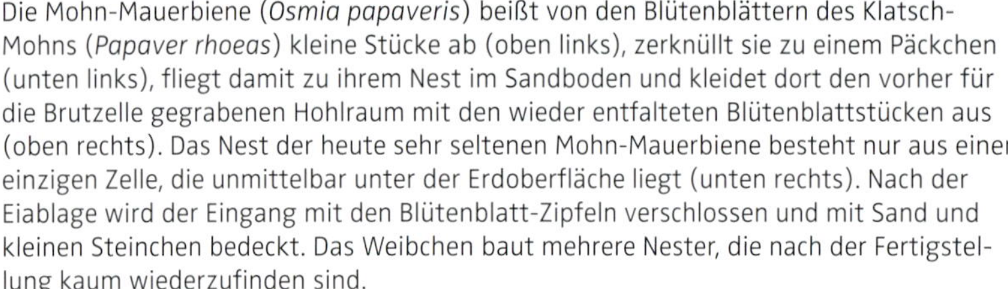

Die Mohn-Mauerbiene (*Osmia papaveris*) beißt von den Blütenblättern des Klatsch-Mohns (*Papaver rhoeas*) kleine Stücke ab (oben links), zerknüllt sie zu einem Päckchen (unten links), fliegt damit zu ihrem Nest im Sandboden und kleidet dort den vorher für die Brutzelle gegrabenen Hohlraum mit den wieder entfalteten Blütenblattstücken aus (oben rechts). Das Nest der heute sehr seltenen Mohn-Mauerbiene besteht nur aus einer einzigen Zelle, die unmittelbar unter der Erdoberfläche liegt (unten rechts). Nach der Eiablage wird der Eingang mit den Blütenblatt-Zipfeln verschlossen und mit Sand und kleinen Steinchen bedeckt. Das Weibchen baut mehrere Nester, die nach der Fertigstellung kaum wiederzufinden sind.

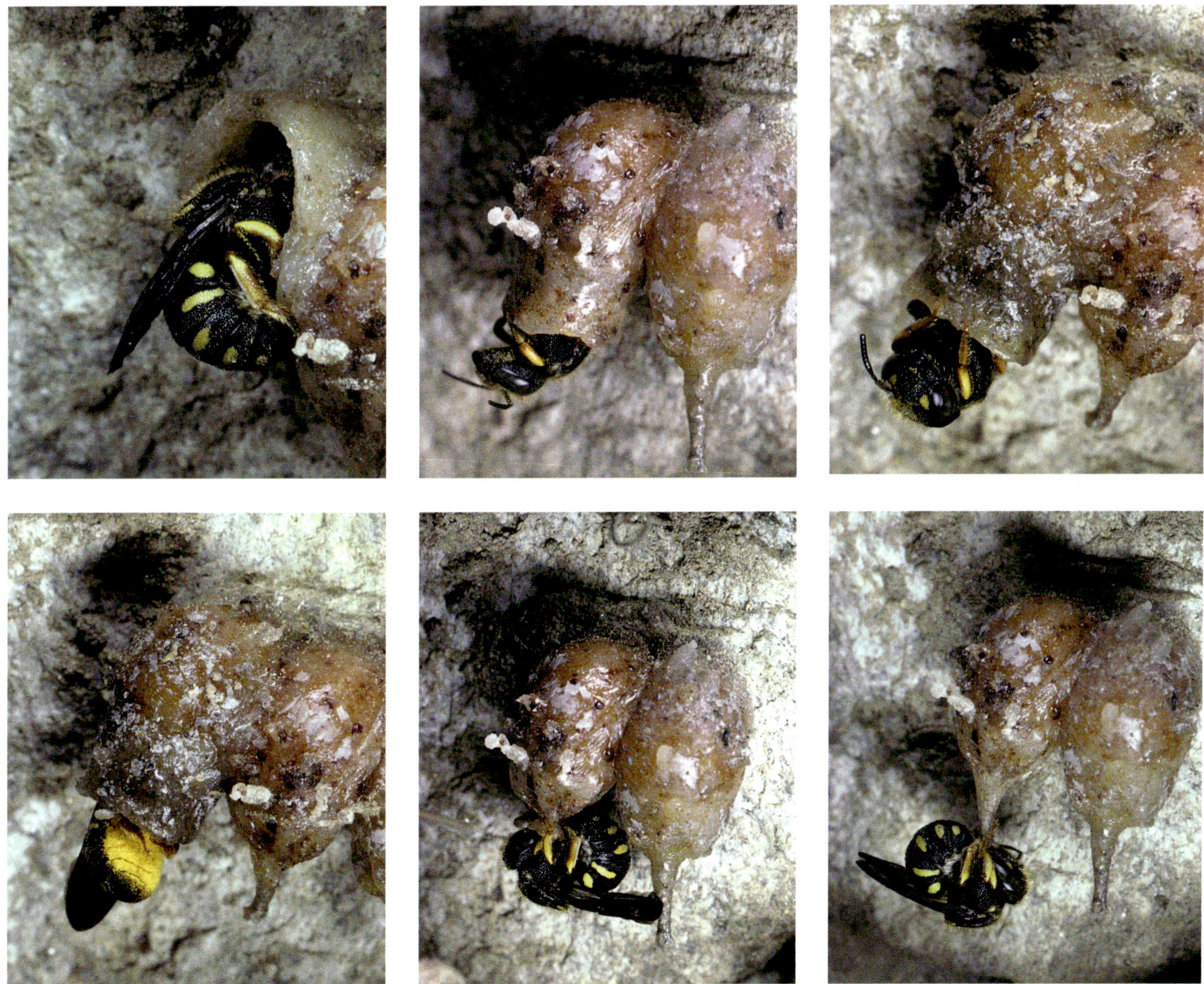

Die Kleine Harzbiene (*Anthidium strigatum*) baut ihre ca. 10 mm langen Brutzellen an Steinen, Felsen oder Baumstämmen, und zwar ausschließlich aus dem Harz von Nadelbäumen. Die Zelle wird mit einem Pollen-Nektar-Gemisch gefüllt, mit einem Ei belegt und dann in Form eines dünnen, für die Luftzufuhr hohlen Zäpfchens abgeschlossen.

Die in Deutschland weit verbreitete Erzglanz-Sandbiene (***Andrena nigroaenea***) ist polylektisch. Hier sammelt ein Weibchen den Pollen der Weinrebe (***Vitis vinifera***) von den winzigen Staubbeuteln, eine bei Wildbienen außergewöhnliche Pollennutzung.

Ohne Pollen keine Nachkommen

Wegen seines hohen Eiweißgehalts ist der Pollen der wichtigste Bestandteil der Larvennahrung von Bienen. Die einzelnen Bienenarten nutzen beim Sammeln von Pollen entweder ein breites Spektrum von Pflanzen (polylektische Arten), oder sie sind mehr oder weniger auf ganz bestimmte Pollenquellen spezialisiert, ohne deren Vorhandensein sie nicht für Nachkommen sorgen können (oligolektische* Arten).*

Polylektische Arten

Polylektische Arten kann man auch als **Pollengeneralisten** bezeichnen (im Gegensatz zu Pollenspezialisten). Bei der Polylektie werden die Blüten allerdings nicht grundsätzlich nach dem Zufallsprinzip aufgesucht. Auch polylektische Arten können Bevorzugungen bestimmter Pflanzen(gruppen) zeigen, andere Pflanzen hingegen völlig meiden, auch wenn diese im Überangebot vorhanden sind. Die bekannteste polylektische Biene ist die Honigbiene. Sie ist sozusagen ein „Supergeneralist" und kann nicht als Maßstab für das Blütenbesuchsverhalten der Bienen in ihrer Gesamtheit gelten.

Staatenbildende Bienen wie die Honigbienen und die meisten Hummelarten (*Bombus*) sowie eusoziale Schmalbienenarten (*Lasioglossum*) sind polylektisch. Während solitäre Bienen nur eine relativ kurze Flugzeit haben und von daher eine Bindung an eine oder wenige Pollenquellen sinnvoll sein kann, leben Völker eusozialer Arten wesentlich länger. Ihre Flugzeit entspricht demnach nicht der Blühdauer einer als Pollenquelle genutzten Pflanzenart. Soziale Arten können sich daher Oligolektie nicht „leisten". Unter den Wildbienen gibt es ausgesprochene Pollengeneralisten wie die Rostrote Mauerbiene (*Osmia bicornis*) und die Sandbiene *Andrena flavipes*, für die Vertreter von 19 bzw. 18 Pflanzenfamilien als Pollenquellen belegt sind.

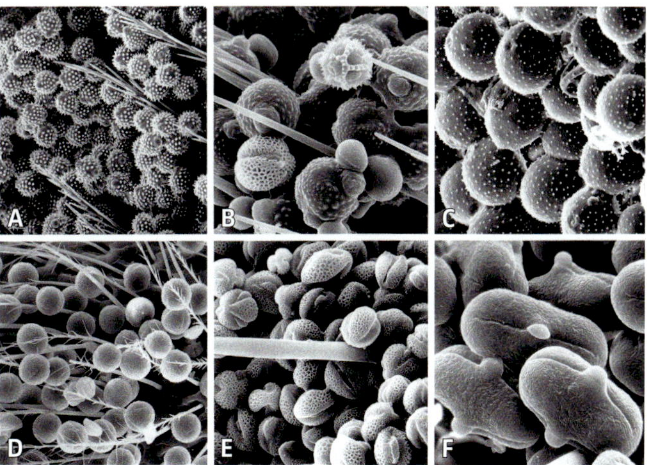

Pollenladungen verschiedener Wildbienen (Aufnahmen mit Rasterelektronenmikroskop). A: Sonnenblumen-Typ. B: 5× Natterkopf-Typ (kleinster Pollen), 1× Kreuzblütler-Typ), 1× Löwenzahn-Typ (durchbrochene Stachelkugel), Flockenblumen-Typ (warzig), unbekannter Typ. C: Glockenblumen-Typ. D: Hahnenfuß-Typ. E: Weiden-Typ. F: Doldenblütler-Typ. (Vergrößerung: 520×–2900×, REM-Fotos: P. Pfundstein).

Ein über und über mit Pollen bestäubtes Weibchen der Mauer-Schmalbiene (*Lasioglossum nitidulum*) nach dem Verlassen der Kronröhre der Blauen Lobelie (*Lobelia erinus*), einer aus Südafrika stammenden Zierpflanze. Diese Bienenart ist ausgesprochen polylektisch und kann auch fremdländische Pollenquellen nutzen. Dies gilt jedoch nicht für alle polylektischen Arten.

* Die Begriffe „oligolektisch" und „polylektisch" leiten sich ab aus den griechischen Wörtern oligos = wenig und polys = viel sowie dem lateinischen legere = sammeln.

Pollen sammelndes Weibchen der polylektischen Rostroten Mauerbiene (*Osmia bicornis*) am Wiesen-Salbei (*Salvia pratensis*, links) und auf Scharfem Hahnenfuß (*Ranunculus acris*, rechts).

Rechts sind zwei Brutzellen der Rostroten Mauerbiene (*Osmia bicornis*) zu sehen, die eindrucksvoll die große Anpassungsfähigkeit dieser Wildbiene beim Pollensammeln belegen. Der Larvenproviant der oberen Zelle besteht aus dem hellgelben Pollen der Heckenrose (*Rosa*) und dem dunkelgelben Pollen des Hahnenfußes (*Ranunculus*), Vertreter zweier Pflanzenfamilien. Der dunkelgelbe Streifen verrät uns, dass das Weibchen zuerst an der Heckenrose gesammelt hat, dann auf Hahnenfuß gewechselt und danach wieder zur Heckenrose als Pollenquelle zurückgekehrt ist. Bei der Heckenrose handelte es sich um die gelb blühende Chinesische Goldrose (*Rosa hugonis*).

Der Larvenproviant der unteren Zelle setzt sich aus dem Pollen von Vertretern von fünf Pflanzenfamilien zusammen: Saat-Mohn (*Papaver dubium*), Zaunwicke (*Vicia sepium*), Kriechender Hahnenfuß (*Ranunculus repens*), Gewöhnlicher Beinwell (*Symphytum officinale*), Wiesen-Salbei (*Salvia pratensis*). Für die dunkle Farbe des Proviants ist der hohe Anteil von Mohnpollen verantwortlich. Die Pollenherkunft wurde mit Hilfe der lichtmikroskopischen Pollenanalyse ermittelt.

Beispiele heimischer Pollengeneralisten und ihrer Pollenquellen

Ein Weibchen der polylektischen Gewöhnlichen Sandbiene (*Andrena flavipes*) sammelt hier Pollen an Pflanzenarten dreier Pflanzenfamilien. Links: Blaukissen (*Aubrieta deltoidea*), Kreuzblütengewächse (*Brassicaceae*). Mitte: Frühlings-Fingerkraut (*Potentilla verna*), Rosengewächse (*Rosaceae*). Rechts: Einjähriger Feinstrahl (Erigeron annuus), Korbblütler (*Asteraceae*).

Die Rotfransige Sandbiene (*Andrena haemorrhoa*) zeigt ihre deutliche Polylektie, indem das Weibchen an Vertretern verschiedener, hier dreier Pflanzenfamilien sammelt. Links: Lorbeer-Kirsche (*Prunus laurocerasus*), Rosengewächse (*Rosaceae*). Mitte: Wilde Resede (*Reseda lutea*), Resedengewächse (*Resedaceae*). Rechts: Färberwaid (*Isatis tinctoria*), Kreuzblütengewächse (*Brassicaceae*).

Oligolektische Arten

Bienenarten werden dann als oligolektisch bezeichnet, wenn sämtliche Weibchen im gesamten Verbreitungsgebiet auch beim Vorhandensein anderer Pollenquellen ausschließlich Pollen einer Pflanzenart oder nah verwandter Pflanzenarten sammeln. Da sich die Spezialisierung immer auf das Sammeln von Pollen bezieht, sprechen wir bei oligolektischen Bienen auch von **Pollenspezialisten**. Die Oligolektie ist im Normalfall auf Arten einer oder mehrerer Pflanzengattungen oder auf eine Pflanzenfamilie beschränkt. Im Extremfall sind Bienenarten sogar an eine einzige Pflanzenart gebunden. Von den über 450 nestbauenden Bienenarten Deutschlands sind rund 30 % oligolektisch*. In der Regel sind die Blühzeiten der spezifischen Pollenquellen mit den Flugzeiten der entsprechenden oligolektischen Arten synchronisiert, die daher meist nur eine Generation haben (univoltine Arten).

Man kann zwischen „streng oligolektisch" und „oligolektisch" unterscheiden. Streng oligolektische Arten sammeln Pollen nur an ein bis mehreren Arten ein und derselben Pflanzengattung. Sie beginnen erst dann mit dem Nestbau und der Verproviantierung der Brutzellen, wenn ihre spezifischen Pollenquellen zu blühen beginnen, oder stellen ihre Aktivitäten ein, wenn die Pollenquellen durch natürliche Ereignisse oder menschliches Handeln wegfallen. Streng oligolektische Arten (Pflanzengattungen in Klammern) sind *Colletes hylaeiformis* (*Eryngium*), *Andrena chrysopus* (*Asparagus*), *Andrena florea* (*Bryonia*), *Andrena nasuta* (*Anchusa*) und *Systropha planidens* (*Convolvulus*). Die zur Unterkategorie „oligolektisch" zählenden Arten sammeln den Pollen an Vertretern von ein bis mehreren Gattungen, die zu einer Pflanzenfamilie, Unterfamilie oder Tribus (Rangstufe zwischen Unterfamilie und Gattung) gehören. Beispiele für solche Bienenarten (Pflanzenfamilien in Klammern) sind *Andrena humilis* (Korbblütler), *Andrena hattorfiana* (Kardengewächse innerhalb der Geißblattgewächse), *Lasioglossum costulatum* (Glockenblumengewächse), *Dasypoda hirtipes* (Korbblütler) und *Eucera macroglossa* (Malvengewächse).

Der Larvenproviant in einer Brutzelle der streng oligolektischen Mauerbiene *Osmia adunca* besteht zu 100 % aus dem Pollen des Gewöhnlichen Natterkopfs (*Echium vulgare*). Diese Mauerbienenart ist auf Arten der Gattung *Echium* (Natterkopf) in der Familie Boraginaceae (Borretschgewächse) als Pollenquelle spezialisiert.

Der kugelförmige Larvenproviant in einer Brutzelle im Erdboden stammt ausschließlich von der Acker-Winde (*Convolvulus arvensis*). Auf der Pollenkugel liegt bereits eine junge Larve der streng oligolektischen Spiralhornbiene *Systropha planidens*, die auf Arten der Gattung *Convolvulus* (Winden) spezialisiert ist.

* In der Fachliteratur findet man noch weitere Begriffe wie monolektisch, mesolektisch oder pseudo-oligolektisch, auf deren Definition und Erläuterung hier aber verzichtet wird.

In Mitteleuropa gibt es Beziehungen oligolektischer Bienenarten zu den folgenden 27 Pflanzenfamilien (Gattungen in Klammern):

Alliaceae (*Allium*) – Lauchgewächse

Apiaceae – Doldengewächse

Araliaceae *(Hedera)* – Efeugewächse

Asparagaceae (*Asparagus*) – Spargelgewächse

Asteraceae – Korbblütler

Boraginaceae (*Anchusa*, *Cerinthe*, *Symphytum*) – Borretschgewächse

Brassicaceae – Kreuzblütler

Campanulaceae (*Campanula*, *Phyteuma*, *Jasione*) – Glockenblumengewächse

Caprifoliaceae – Geißblattgewächse (*Knautia*, *Scabiosa*, *Succisa*)

Cistaceae (*Helianthemum*) – Zistrosengewächse

Convolvulaceae (*Convolvulus*) – Windengewächse

Cucurbitaceae (*Bryonia*) – Kürbisgewächse

Ericaceae (*Vaccinium*, *Calluna*) – Heidekrautgewächse

Fabaceae (*Vicia*, *Lathyrus*, *Chamaecytisus*) – Schmetterlingsblütler

Hyacinthaceae (*Ornithogalum*) – Hyazinthengewächse

Lamiaceae – Lippenblütler

Linaceae (*Linum*) – Leingewächse

Lythraceae (*Lythrum*) – Blutweiderichgewächse

Malvaceae (*Malva*, *Althaea*, *Lavatera*) – Malvengewächse

Onagraceae (*Epilobium*) – Nachtkerzengewächse

Orobanchaceae (*Odontites*) – Sommerwurzgewächse

Plantaginaceae (*Veronica*) – Wegerichgewächse

Primulaceae (*Lysimachia*) – Primelgewächse

Ranunculaceae (*Ranunculus*) – Hahnenfußgewächse

Resedaceae (*Reseda*) – Resedengewächse

Rosaceae (*Potentilla*, *Fragaria*) – Rosengewächse

Salicaceae (*Salix*) – Weidengewächse

Oligolektische Bienenarten gibt es in Mitteleuropa in folgenden 24 Bienengattungen von sechs Familien:

Colletidae
- *Hylaeus*
- *Colletes*

Andrenidae
- *Panurgus*
- *Panurginus*
- *Camptopoeum*
- *Melitturga*
- *Andrena*

Halictidae
- *Dufourea*
- *Rophites*
- *Rhophitoides*
- *Systropha*
- *Lasioglossum*

Melittidae
- *Macropis*
- *Melitta*
- *Dasypoda*

Megachilidae
- *Anthidium*
- *Osmia*
- *Chelostoma*
- *Heriades*
- *Lithurgus*
- *Megachile*

Apidae
- *Anthophora*
- *Eucera*
- *Bombus*

Beispiele heimischer Pollenspezialisten und ihrer Pollenquellen

Auf Kreuzblütler (Brassicaceae) ist die Steinkraut-Sandbiene (*Andrena tscheki*, rechts) spezialisiert. In den Weinbergen Süddeutschlands nutzt sie vor allem das als Zierpflanze beliebte Blaukissen (*Aubrieta deltoidea*, links).

An die Familie der Korbblütler (Asteraceae), hier stellvertretend der an Ruderalstellen wachsende Rainfarn (*Tanacetum vulgare*, links), sind zahlreiche Bienenarten gebunden. Eine von ihnen ist die Dünen-Seidenbiene (*Colletes fodiens*, rechts).

Eine seltene Spezialisierung zeigt die Heidekraut-Sandbiene (*Andrena fuscipes*, rechts), die ausschließlich Heidekraut (*Calluna vulgaris*, Ericaceae, links) nutzt.

Auf die zu den Kardengewächsen (Dipsacoideae) zählenden Witwenblumen und Skabiosen spezialisiert ist die Knautien-Sandbiene (*Andrena hattorfiana*, links). Sie besiedelt daher vor allem magere Wiesen. Der Pollen der Wiesen-Knautie oder Wiesen-Witwenblume (*Knautia arvensis*, rechts) ist rosafarben.

Der Rote oder Späte Zahntrost (*Odontites vulgaris*, links) ist eine typische Spätsommerpflanze der Wegränder und Weiden. An diese Art und den Gelben Zahntrost (*Odontites luteus*) gebunden ist die Zahntrost-Sägehornbiene (*Melitta tricincta*, rechts).

Viele Bienenarten sind auf Schmetterlingsblütler (Fabaceae) spezialisiert. Zu ihnen gehört die Mai-Langhornbiene (*Eucera nigrescens*, rechts), die vor allem an der Zaunwicke (*Vicia sepium*, links) Pollen sammelt.

Ganz von Geißkleearten abhängig ist die sehr seltene Regensburger Sandbiene (*Andrena aberrans*, rechts). Ihre Pollenquellen in Mitteleuropa sind der Regensburger Geißklee (*Chamaecytisus ratisbonensis*) und der Purpur-Geißklee (*Chamaecytisus purpureus*, links), an dem hier ein Weibchen den orangefarbenen Pollen erntet.

Auf Ehrenpreisarten spezialisiert ist die blaumetallisch schillernde Ehrenpreis-Sandbiene (*Andrena viridescens*, rechts). Ihre Hauptpollenquelle ist der Gamander-Ehrenpreis (*Veronica chamaedrys*, links).

Mehrere heimische Wildbienenarten sind an Glockenblumengewächse (Campanulaceae) gebunden. Rechts sammelt ein Weibchen der Glockenblumen-Scherenbiene (*Chelostoma rapunculi*) den weißen Pollen von der Griffelstange der Ranken-Glockenblume (*Campanula poscharskyana*). Das linke Foto zeigt diese in Steingärten und auf Trockenmauern häufig kultivierte Pflanze.

Eine bei uns sehr seltene Bienenart ist auf Malvengewächse (Malvaceae) spezialisiert: die Malven-Langhornbiene (*Eucera malvae*). Ein Weibchen sammelt hier an der Rosen-Malve (*Malva alcea*, rechts). Das Foto links zeigt diese Malvenart an einem Wegrand.

Ölblumen und ölsammelnde Bienen

Manche Pflanzen bieten in ihren Blüten keinen zuckrigen Nektar, sondern liefern in besonderen Organen, den sogenannten Elaiophoren, fette Öle (Lipide). Dabei handelt es sich um mehrere Vertreter der Gattung *Lysimachia*, und zwar um den Gewöhnlichen Gilbweiderich (*Lysimachia vulgaris*), den Drüsigen Gilbweiderich (*Lysimachia punctata*) und den Pfennig-Gilbweiderich (*Lysimachia nummularia*). Zwar war die Bindung der Schenkelbienen (*Macropis*) an *Lysimachia*-Arten schon früher bekannt, aber erst 1976 beschrieb der Blütenökologe Stefan Vogel ihr Interesse an dem Blumenöl, das von den Weibchen als Teil der Brutnahrung und zur Auskleidung der Brutzellen gesammelt wird.

In Deutschland kommen zwei Arten der Gattung *Macropis* vor: *Macropis europaea* (Auen-Schenkelbiene) und *Macropis fulvipes* (Wald-Schenkelbiene). Aufgrund der jeweils bevorzugten Lebensräume, der unterschiedlichen Flugzeiten und der unterschiedlichen Standorte und Blühzeiten „ihrer" Pflanzen sind der Pfennig-Gilbweiderich und der Drüsige Gilbweiderich für die bereits im Juni fliegende Wald-Schenkelbiene und der Gewöhnliche Gilbweiderich für die im Juli und August fliegende Auen-Schenkelbiene die Lieferanten von Öl und Pollen. Die Männchen besuchen ebenfalls diese Gilbweidericharten, allerdings ausschließlich zur Weibchensuche und zur Paarung.

Besondere Saugpolster an den Innenflanken und der Vorderseite des ersten und zweiten Beinpaares werden der Öldrüsenoberfläche beim Blütenbesuch aufgedrückt, wodurch das Öl absorbiert wird. Während des Blütenbesuchs wird auch Pollen von den Staubgefäßen auf der Bauchseite übernommen, der im Fluge in die Sammelbehaarung der Hinterbeine übertragen wird. Beide Blütenprodukte vermischen sich dort zu einem gelben, glänzenden Brei. Die Schenkelbienen sammeln auch den Pollen für ihre Brut ausschließlich an den genannten *Lysimachia*-Arten.

Drüsiger Gilbweiderich (*Lysimachia punctata*, links) und Gewöhnlicher Gilbweiderich (*Lysimachia vulgaris*, rechts).

Ein Männchen der Wald-Schenkelbiene (*Macropis fulvipes*). Namensgebend sind die verdickten Hinterschenkel (Pfeil).

Zwei Männchen der Wald-Schenkelbiene (*Macropis fulvipes*, links). Schenkelbienen bilden charakteristische Schlafgesellschaften, bei denen sich oft mehrere Männchen und Weibchen in Blütenständen oder an Grashalmen versammeln.

Beide Geschlechter trinken Nektar in den Blüten von vielerlei Pflanzen, besonders gern am Sumpf-Storchschnabel (*Geranium palustre*) wie dieses Männchen von *Macropis europaea*. In Bezug auf die austauschbaren Nektarquellen liegt aber keine Spezialisierung vor.

Wald-Schenkelbiene (*Macropis fulvipes*) beim Sammeln von Öl (links) und von Pollen (rechts) an *Lysimachia punctata*.

Auen-Schenkelbiene (*Macropis europaea*) in der Blüte des Gewöhnlichen Gilbweiderichs (*Lysimachia* vulgaris). Links: Beachte die markante schwarz-weiße Behaarung von Metatarsus und Tibia. Rechts: Das Weibchen hat seine Pollentransport-Einrichtungen schon gut mit einer ölgetränkten Pollenladung gefüllt.

Die Schenkelbienen strecken beim Blütenbesuch die Hinterbeine meistens weit nach oben. Dieses Verhalten kann man unterschiedlich deuten: Es könnte z. B. das vorzeitige Abstreifen des Pollens verhindern. Wahrscheinlicher ist jedoch ein Abwehrverhalten gegen paarungswillige Männchen, da das Wegstrecken der Hinterbeine auch dann erfolgt, wenn die Weibchen nicht sammeln. *Macropis fulvipes* an *Lysimachia punctata*.

Rückgang, Gefährdung und Schutz der Wildbienen

Blick von Süden auf den Hirschauer Berg westlich von Tübingen, eine in Jahrhunderten gewachsene, strukturreiche Kulturlandschaft mit Weinbergen, Streuobstwiesen, Hecken und Trockenmauern. An den oberen, früher für den Weinbau genutzten Hängen erstreckt sich heute das 22 ha große Naturschutzgebiet „Hirschauer Berg", dessen Magerrasen, wärmeliebende Saumgesellschaften und Trockenmauern zahlreiche gefährdete Bienenarten beherbergen.

In den vergangenen Jahrzehnten ist bei vielen Bienenarten ein starker Rückgang festzustellen. Dieser spiegelt sich auch in der Roten Liste der Bienen Deutschlands wider, nach deren aktueller Fassung mehr als die Hälfte der Bienenarten in unterschiedlichem Ausmaß gefährdet ist. Die Bestände zahlreicher Arten drohen sogar in Deutschland ganz zu erlöschen, falls die notwenigen Schutzmaßnahmen ausbleiben oder nicht erfolgreich sind. Dass der Rückgang schon seit vielen Jahrzehnten anhält, bezeugen auch das ältere Schrifttum und jede Sichtung einer der Bienensammlungen in den Naturkundemuseen.

Die Ursachen der Gefährdung so vieler Arten sind zwar vielfältig, jedoch stets in immer intensiveren Eingriffen des Menschen in die Ökosysteme zu suchen. Indirekte wie direkte Beeinträchtigungen lassen sich fast immer auf die beiden folgenden, sich oft addierenden Faktoren zurückführen:

- Zerstörung der Nistplätze
- Vernichtung oder Verminderung des Nahrungsangebots, insbesondere der Pollenquellen.

Hinsichtlich ihrer Nistweise sind die meisten Arten mehr oder weniger hochspezialisiert. Beim Verlust ihrer spezifischen Nistgelegenheiten können sie daher nicht ausweichen. Dies hat das lokale Erlöschen des Bestands einer Art zur Folge. Die im Boden nistenden Arten sind dabei durchweg stärker bedroht als die oberirdisch nistenden Arten. Außerdem müssen bei einigen Arten zusätzlich Stellen zur Entnahme von Materialien für den Nestbau vorhanden sein.

Alle Bienen benötigen für sich selbst und vor allem für die Versorgung der Brut Blüten oft ganz bestimmter Pflanzen in ausreichender Menge (siehe S. 67). Der Rückgang arten- und blumenreicher Vegetation und damit einhergehend die Verminderung der Nahrungsgrundlage hat teilweise die gleichen Ursachen wie die Vernichtung der Niststätten. Pollenspezialisten (oligolektische Arten) sind daher eher gefährdet als anpassungsfähige (polylektische) Arten.

Zwar gibt es einige ausgesprochene Charakterarten des Waldes, der bei weitem größere Teil der Bienen liebt jedoch Wärme und Trockenheit und ist daher nur in Lebensräumen des Offenlandes, also außerhalb der Wälder zu finden. Es kann daher nicht verwundern, dass die Landwirtschaft den größten Einfluss auf die Bestände der Bienen hatte und hat. Während die frühere kleinbäuerliche Landwirtschaft für eine große Vielfalt an Nutzungen und Strukturen sorgte und unzähligen Bienenarten ein Auskommen in den Feldfluren ermöglichte, ist die heutige Art der Landbewirtschaftung die Hauptursache für deren gravierenden Rückgang. Selbst genügsame Arten finden in intensiv genutzten Feldfluren heute keine ausreichenden Existenzmöglichkeiten mehr.

Die Veränderungen durch die industrielle Landwirtschaft sind gewaltig. An die Stelle vielfältiger, kleinflächiger Nutzungen sind – von staatlicher Seite gefördert – großflächige Kulturen mit wenigen Nutzpflanzen getreten. Die Ausbringung von Mineraldüngern und Schwemmmist (Gülle) auf Wiesen hat viele Pflanzenarten verdrängt, die unverzichtbare Nahrungsquellen für Wildbienen sind. Auch die im Vergleich zu traditionellen Mahdzeitpunkten (ab Mitte Juni) deutlich frühere Mahd (Anfang Mai) und die Vielzahl der Schnitte (4–6) für die Silierung oder für Biogasanlagen haben erhebliche negative Auswirkungen auf das Blütenangebot im Grünland und verschärfen die Situation. Intensive Weidenutzung und erst recht die Umwandlung von Wiesen in Ackerland haben das Nahrungsangebot von Wildbienen ebenfalls erheblich verschlechtert. In den Feldern fehlt das früher reichhaltige Blumenangebot durch maschinelle und chemische Bekämpfung der Wildkräuter fast völlig. Selbst wenn noch Feldraine vorhanden sind oder diese beim Wegebau geschaffen wurden, so sind sie meist viel zu schmal und durch Abdrift oder gezielte Anwendung von Herbiziden sehr blumenarm, d. h., es herrschen wenige Grasarten vor. Auch die Ackernutzung bis unmittelbar an den Waldtrauf hat viele Lebensgemeinschaften im Übergang Wald/Offenland zerstört. Immerhin begünstigt der Ökolandbau im Vergleich zur konventionellen Landwirtschaft eine größere Artenvielfalt durch den Verzicht auf Pestizide und die Schaffung von Brachen.

Weitere Rückgangsursachen sind der Neu- und Ausbau von Straßen und der Bau von Siedlungs- und Gewerbegebieten. Ein relevanter Grund für den Artenrückgang sind auch die Verfüllung und Rekultivierung von Sand-, Kies- und Lehmgruben sowie Steinbrüchen nach Aufgabe der Nutzung.

Besonders kritisch ist die Bestandessituation der Arten, die auf Kleinstrukturen in der Feldflur wie Wegränder, Böschungen, Lesesteinhaufen, Steilwände und Lösshohlwege oder auf vegetationsarme Erdwege oder lückige Ruderalstellen („Ödland") als Nist- oder Nahrungsplätze angewiesen sind.

Vollkommen unnötig ist die Verschlechterung der Lebensbedingungen für Bienen in Bereichen, die nicht wie die Landwirtschaft politischen und wirtschaftlichen Zwängen unterliegen. Das meist vorherrschende Verständnis von Ordnung und Sauberkeit reduziert vielerorts ohne Not das Nahrungsangebot auf Privatgrundstücken im Außenbereich (z. B. auf Streuobstwiesen) durch zu häufige Mahd mit dem Rasenmäher oder durch Liegenlassen des langgrasigen Mähguts. Mein Appell: Begegnen wir doch im Siedlungsbereich den Wildpflanzen, die sich von selbst einstellen, mit einer größeren Toleranz! Parks und Gärten, die für viele Bienenarten als (Teil-)Lebensraum in Frage kommen, können durch die Anlage von Staudenrabatten oder Bereiche mit zwei- bis mehrjährigen Pollenquellen bienenfreundlicher gestaltet werden. Samenmischungen, die sich hauptsächlich aus Pflanzenarten aus anderen Erdteilen und Sorten mit gefüllten Blüten(ständen) zusammensetzen, sind hierfür jedoch nicht geeignet. Selbst im Nutzgarten sowie auf Balkon und Terrasse kann man das Nahrungsangebot für Bienen deutlich verbessern. Was hier alles möglich und machbar ist, wird auf den folgenden Seiten ausführlich beschrieben. Die Städte und Gemeinden sollten noch stärker als bisher die in ihrem Besitz oder unter ihrer Obhut (Wegränder, Wiesen) befindlichen Flächen nach Artenschutzgesichtspunkten pflegen und hierfür bei der Bevölkerung durch Aufklärung für das nötige Verständnis werben. Mancherorts sind solche Maßnahmen ja erfreulicherweise auch schon realisiert worden. So unterstützen viele Kommunen engagierte Privatpersonen durch eine finanzielle Förderung zur Erhaltung der Artenvielfalt.

Wirksame Maßnahmen zum Schutz der Wildbienen sind also erforderlich, wenn auch nachfolgende Generationen noch die Möglichkeit haben sollen, die faszinierenden Phänome der Brutfürsorge selbst zu beobachten. Grundlage jedes Wildbienenschutzes ist unbestritten die Erhaltung der Lebensräume, d. h. die gleichzeitige Erhaltung der Nistplätze und der spezifischen Nahrungsquellen sowie das Abstellen bzw. Vermindern der verschiedenen Gefährdungsfaktoren. Eine ganze Reihe von Wildbienen-Lebensräumen kann bei der heutigen Landnutzung allerdings nur mit dem Instrument des strengen Flächenschutzes in Form von Naturschutzgebieten (NSG) und durch eine nachhaltige Pflege dieser Gebiete erhalten werden.

Zu diesen Lebensräumen gehören

- Binnen- und Küstendünen sowie Flugsandfelder
- Magerrasen trockenwarmer Standorte
- Sand- und Bergheiden
- Großröhrichte und Landschilfbestände
- Streuwiesen und deren Brachestadien
- Naturnahe Flussauen
- Felsfluren und Abwitterungshalden
- Strukturreiche Sand-, Kies- und Lehmgruben.

In den vergangenen Jahrzehnten haben die Naturschutzbehörden zahlreiche Schutzgebiete auch zur Erhaltung besonders gefährdeter Wildbienen ausgewiesen. Darüber hinaus gibt es auch spezielle, auf Wildbienen ausgerichtete Artenhilfsprogramme. Um die Bestände der besonders seltenen oder hochgradig gefährdeten Bienenarten zu erhalten, werden z. B. in Baden-Württemberg gezielte Maßnahmen initiiert, betreut und durch regelmäßige Kontrollen (Monitoring) auf ihre Wirksamkeit geprüft. Mit traditionellen Flächenschutzmaßnahmen lassen sich aber nicht die Ansprüche aller Bienenarten erfüllen. Dies gilt insbesondere für solche Arten, die auf Bodenstörungen und die sich dort ansiedelnden Pionierpflanzen angewiesen sind, also auf räumlich und zeitlich wechselnde Prozesse und Strukturvielfalt (Störstellen, Offenboden) in der Landschaft.

Weil die Verbreitung und Häufigkeit der Bienenarten heute überwiegend durch das Wirken des Menschen bestimmt ist, hat er eine besondere Verantwortung für ihre Erhaltung, und dies nicht nur aus ethischen Gründen, sondern auch aus Gründen der Ernährungsvorsorge. Die meisten insektenblütigen Pflanzen, darunter auch zahlreiche Nutzpflanzen, sind auf Bienen als Pollenüberträger angewiesen. Mit Bienen sind alle Arten gemeint und nicht nur die in ihrer Funktion als Bestäuber oft überschätzte Honigbiene. Auch Vertreter verschiedenster anderer Organismengruppen (u. a. Käfer, Schmetterlinge, Fliegen, Keulenwespen, Goldwespen, Vögel) leben von Bienen oder entwickeln sich in deren Nestern. Viele dieser Organismen sind derart spezialisiert, dass sie ohne ganz bestimmte Bienenwirte überhaupt nicht existieren können. Die Erhaltung und Förderung der Bienen ist somit die Voraussetzung für die Bestandessicherung auch dieser Lebewesen, d. h. der Biodiversität.

Was kann ich selbst für Wildbienen tun?

Die Ausweisung und Pflege von Naturschutzgebieten und die Durchführung von Artenschutzprogrammen sind Aufgaben der zuständigen Umweltbehörden. Aber die langfristige Erhaltung unserer heimischen Wildbienen sollte nicht allein dem Staat und seinen Institutionen überlassen bleiben. Wir sollten und wir können auch selbst etwas zum Schutz und zur Förderung dieser faszinierenden Blütenbesucher tun. Wie man Wildbienen am Haus, im Garten, in der Schule, aber auch im öffentlichen Raum durch Eigeninitiativen fördern kann, ohne gleichzeitig die verschiedenen Aspekte ihres Schutzes zu vernachlässigen, dazu finden Sie auf den folgenden Seiten detaillierte Informationen. Die einzelnen Methoden der Verbesserung des Nahrungsangebots und der Nistmöglichkeiten beruhen auf langjährigen Erfahrungen des Autors. Nichts spricht gegen eigene Experimente, doch lohnt es sich, zunächst die Möglichkeiten zu nutzen, die erprobt sind und nachweislich wirken.

Auf eines sei jedoch an dieser Stelle nochmals hingewiesen:

Die besten Nisthilfen und ein noch so blütenreicher Garten ersparen bzw. ersetzen nicht die Schutzmaßnahmen in der freien Landschaft. Viele Arten der Wildbienen können aufgrund ganz spezieller ökologischer Ansprüche nicht im Wohnumfeld des Menschen existieren, da sie an Lebensräume gebunden sind, die es dort nicht gibt oder die dort nicht zu schaffen sind.

Das sollte uns allerdings nicht entmutigen, denn eine ganze Reihe von Wildbienenarten lässt sich sehr gut fördern, indem wir vor allem das Nahrungsangebot bereichern und außerdem die Nistmöglichkeiten verbessern. Wendet man die hier beschriebenen Methoden an, so können wir vom Frühjahr bis zum Herbst viele verschiedene Beobachtungen anstellen, und zwar in allen Altersstufen. Kindern bietet sich hier eine besonders gute Möglichkeit, nicht nur zu Hause, sondern auch in der Schule faszinierende Phänomene aus allernächster Nähe zu beobachten. Gerade die Beschäftigung mit Wildbienen hilft, Kinder und Jugendliche für komplexe Beziehungszusammenhänge zu sensibilisieren und ein Bewusstsein eigener Verantwortlichkeit durch das persönliche Betroffensein zu entwickeln. Dies haben unzählige Projekttage und eigene Seminare gezeigt.

In einer intensiv genutzten Agrarlandschaft stehen Wildkräuter als Nahrungsquellen von Wildbienen oft nur noch am Straßenrand zur Verfügung.

Blühaspekt eines begrünten Flachdachs. Es blühen Scharfer Mauerpfeffer (*Sedum acre*) und Heide-Nelke (*Dianthus deltoides*).

Der Garten als Nahrungsraum von Wildbienen

Für eine vielfältige Pflanzenwelt zu sorgen ist der beste Weg, Wildbienen im besiedelten Raum erfolgreich zu fördern. Je unterschiedlicher das Nahrungsangebot vom Frühling bis zum Herbst ist, desto eher profitieren auch hochspezialisierte Wildbienenarten. Im günstigsten Fall ist mit 100 und mehr Arten zu rechnen. Auch wenn Gärten in der Regel der Erholung und dem Anbau von Gemüse, Küchenkräutern oder Blumen dienen, so können sie dennoch ohne weiteres auch die Nahrungsansprüche von Wildbienen berücksichtigen. Einen Garten können wir mit einer vielfältig bepflanzten Staudenrabatte, einer kleinen Wiese oder einem Sommerblumenbeet wildbienenfreundlicher gestalten. Selbst im Nutzgarten und auf dem Balkon ist eine deutliche Verbesserung des Nahrungsangebots möglich.

Eine Gartenhummel (*Bombus hortorum*) sammelt Pollen an der Gefleckten Taubnessel (*Lamium maculatum*).

Die nachfolgenden Seiten enthalten vielerlei Anregungen für eine wirksame Förderung von Wildbienen, Hummeln eingeschlossen. Die Gliederung erfolgt nach praktischen Gesichtspunkten. Viele der Wildpflanzen, die sich wie die Gefleckte Taubnessel (*Lamium maculatum*) oder das Gewöhnliche Bitterkraut (*Picris hieracioides*) ums Haus herum von selbst einstellen, sind nicht nur eine natürliche Bereicherung der Flora unserer Dörfer und Städte, sondern auch wichtige Nahrungsquellen von Wildbienen.

Wildbienenfreundlicher „Wildwuchs": Bestand des Gewöhnlichen Bitterkrauts (*Picris hieracioides*) vor einer Hauswand.

Ein Weibchen der Gewöhnlichen Löcherbiene (*Heriades truncorum*) beim Sammeln von Pollen auf Gewöhnlichem Bitterkraut.

Bäume und Sträucher

Viele Blütengehölze sind gute Nahrungsquellen für Wildbienen. Weiden, Ahorne und die verschiedenen *Prunus*-Arten (Süß- und Zierkirschen, Zwetschge, Schlehe, Mandeln) sowie Wildrosen und Brombeeren werden von zahlreichen Wildbienenarten als Nektar-, aber auch als Pollenquellen genutzt. Bei den Weiden sind auch die weiblichen Kätzchen wichtige Nektarquellen. Bei Gehölzpflanzungen sollten sie also nicht vergessen werden!

Unter den exotischen Sträuchern sind v.a. die Hybriden der ursprünglich aus China stammenden Forsythie trotz ihrer zahllosen gelben Blüten für Wildbienen so gut wie wertlos. Auch die Silber-Linde (*Tilia tomentosa*) sollte nicht mehr gepflanzt werden, da unter den blühenden Bäumen immer wieder viele tote Hummeln gefunden werden, auch wenn die Ursache für dieses „Hummelsterben" noch nicht ausreichend geklärt ist. Der Pollen von Nadelgehölzen ist für Wildbienen völlig ohne Wert.

Für Wildbienen attraktive Gehölze

- Weiden (*Salix caprea, S. fragilis, S. purpurea* u.a.)
- Schlehe (*Prunus spinosa*)
- Mandel (*Prunus dulcis*)
- Süßkirsche (*Prunus avium*)
- Japanische Zierkirschen, ungefüllt (*Prunus subhirtella, P. serrulata*)
- Kirschpflaume (*Prunus cerasifera ‚nigra'*)
- Weißdorne (*Crataegus*)
- Wildrosen (*Rosa*)
- Berberitze (*Berberis vulgaris*)
- Alpen- und Rote Johannisbeere (*Ribes alpinum, R. rubrum*)
- Stachelbeere (*Ribes uva-crispa*)
- Spitz-Ahorn (*Acer platanoides*)
- Feld-Ahorn (*Acer campestre*)
- Eichen (*Quercus*)
- Brombeere und Himbeere (*Rubus fruticosus, R. idaeus*)
- Blasenstrauch (*Colutea arborescens*)
- Ginster (*Cytisus scoparius*)
- Pfriemenginster (*Spartium juceum*)

Blühende Japanische Zierkirsche (*Prunus serrulata*).

Blühender Spitz-Ahorn (*Acer platanoides*), davor eine Forsythie.

Zweifarbige Sandbiene (*Andrena bicolor*) beim Pollensammeln im Blütenstand einer Salweide (*Salix caprea*).

Weibchen der Aschgrauen Sandbiene (*Andrena cineraria*) in einer Blüte einer Kirschpflaume (*Prunus cerasifera*).

Rotfransige Sandbiene (*Andrena haemorrhoa*) in der Blüte einer Schlehe (*Prunus spinosa*).

Baumhummeln (*Bombus hypnorum*) besuchen gerne die Blüten von Brombeeren (*Rubus fruticosus*).

Sal-Weide (*Salix caprea*). Während die männlichen Blüten (oben) reichlich Pollen liefern, dienen die weiblichen Blüten (unten) als Nektarquellen. Bislang sind 54 Bienenarten bekannt, die Weiden-Pollen sammeln.

Der in Mitteleuropa schon lange im Weinbauklima kultivierte Binsenginster (*Spartium junceum*) ist bei Holzbienen (*Xylocopa*) als Pollenquelle sehr beliebt.

Für große Bienen wie die Mörtelbiene *Megachile ericetorum*, die Blattschneiderbienen *Megachile nigriventris* und *Megachile willughbiella* und die Holzbiene *Xylocopa violacea* ist der Blasenstrauch (*Colutea arborescens*) auch in Gärten und Parks eine attraktive und regelmäßig genutzte Pollenquelle.

Der auch in Deutschland seit Jahrzehnten in Parks und Alleen als Zierpflanze kultivierte Japanische Schnurbaum (*Styphnolobium japonicum*) ist in Europa die am häufigsten genutzte Pollenquelle der adventiven Asiatischen Mörtelbiene (*Megachile sculpturalis*). Die Weibchen sammeln den dunkelgelben Pollen an den charakteristischen Blüten dieses zu den Schmetterlingsblütlern (Fabaceae) gehörenden Baums.

Die Berberitze (*Berberis vulgaris*) dient vor allem einigen Sandbienenarten als Pollenquelle.

Die verschiedenen Arten der Wildrosen (*Rosa*) liefern reichlich Pollen für einige Arten der Sandbienen und Mauerbienen, aber auch für Hummeln.

Ein- und Zweigriffliger Weißdorn (*Crataegus*) sind vor allem bei Sandbienen und bei der Rostroten Mauerbiene begehrte Pollenquellen.

Eine zweischürige Wiese im Mai mit Wiesen-Pippau, Wiesen-Glockenblume und Wiesen-Kerbel.

Magerwiese, in der Futter-Esparsette und Wiesen-Salbei vorherrschen.

Wildblumenwiesen

Mit Blumenwiesen sind hier nicht die kurzlebigen Ansaaten von Sommerblumen, sondern artenreiche, nur zweimal jährlich gemähte Wiesen mit hohem Kräuteranteil gemeint, wie sie für die mitteleuropäische Kulturlandschaft typisch waren, aber wegen der intensiven Bewirtschaftung leider überall drastisch zurückgegangen sind. Als Lebensräume von Wildbienen sind sie wegen ihres reichen Nahrungsangebots von höchster Bedeutung. Dem Stadtbewohner bieten sie ein ästhetisches und vielfältiges Naturerlebnis. Breite Straßenböschungen und -ränder sowie Grünanlagen sind in der Stadt geeignete Standorte für dringend benötigte Neuanlagen. Hausgärten sind nur dann geeignet, wenn sie groß genug sind. Als Spiel- oder Liegefläche können sie allerdings nicht genutzt werden.

Wiesenbesitzer sollten auf den oftmaligen Einsatz des Rasenmähers verzichten und statt dessen nur zweimal im Jahr mit der Sense bzw. Motorsense oder, falls verfügbar, mit dem Balkenmäher mähen. Das Mähgut darf nicht liegen bleiben und sollte separat kompostiert werden. Zahlreiche Wiesenkräuter vertragen das regelmäßige Mähen mit dem Rasenmäher nicht und bleiben nach einiger Zeit ganz aus. Gemäht werden muss auf jeden Fall, da sonst konkurrenzschwache Wiesenarten verschwinden und die Wiese durch das Brachfallen und die sich bildende Streudecke deutlich artenärmer wird.

Für die **Neuanlage** einer Blumenwiese eignen sich magere, aber auch nährstoffreichere Standorte. Im Garten z.B. ist es günstiger, wenn man hierfür eine gut besonnte Fläche mit einer nur dünnen Humusschicht vorsieht. Vor einer Neueinsaat muss die alte Vegetation durch Bodenbearbeitung restlos beseitigt werden. Aber auch die Saatgutmischung hat entscheidenden Einfluss auf die Entwicklung einer Blumenwiese. Die Wiesenmischung bezieht man am besten vom Fachhandel, nicht von Gartenmärkten, weil deren Saatgut meist Samen unerwünschter, leicht vermehrbarer Arten enthält. So ist z.B. der Weiß-Klee für die Wieseneinsaat ungünstig, weil er sich sehr schnell ausbreitet. Die Aussaatmenge sollte 5–10 g pro Quadratmeter nicht überschreiten. Die Aussaat sollte zwischen Mitte April und Mitte Juni erfolgen. Die ganze Fläche wird nach dem Säen sorgfältig gewalzt oder mit einem Brett oder einer Schaufel angeklopft.

Die spätere **Artenzusammensetzung** hängt von den jeweiligen Standortbedingungen ab. Die Entwicklung einer artenreichen Blumenwiese erfordert Geduld, denn sie braucht einige Jahre, auch wenn im zweiten Jahr bereits viel blüht. Besonders bei nährstoffreicheren Verhältnissen und zur Kontrolle des Unkrauts ist etwa acht Wochen nach der Aussaat ein Säuberungsschnitt notwendig. Später wird zweimal pro Jahr gemäht. Der beste Zeitpunkt für den ersten Schnitt ist dann, wenn die Wiese bunt und blumenreich (!) ist und mit der Gräserblüte (meist im Juni) der erste Hochstand der Wiese erreicht ist. Der zweite Schnitt erfolgt im August oder September. Bei sehr mageren Bodenverhältnissen genügt eine Mahd im Juli. Das Mähgut ist grundsätzlich abzuräumen. Auf jegliche Düngung und Bewässerung wird verzichtet.

Einen vorhandenen Rasen durch weniger häufiges Mähen zu einer artenreichen Blumenwiese entwickeln zu wollen, ist meist aufgrund der Wurzelkonkurrenz der Gräser nur von mäßigem Erfolg. Besser ist ein nachträgliches Einpflanzen von Wiesenkräutern oder eine Neueinsaat an kleinflächig vorbereiteten Stellen. Wenn man den Rasen nur noch drei- bis viermal im Jahr mäht, kommen aber zumindest Gänseblümchen, Kriechender Günsel, Wiesen-Löwenzahn, Scharfer Hahnenfuß, Gundelrebe, Weiß-Klee oder Ehrenpreis zum Blühen, was bereits eine Verbesserung darstellt.

Für Blumenwiesen empfohlene Wildblumen

Trockenwarmer Standort

- Hornklee (*Lotus corniculatus*)
- Esparsette (*Onobrychis viciifolia*)
- Zaunwicke (*Vicia sepium*)
- Wiesen-Platterbse (*Lathyrus pratensis*)
- Gamander-Ehrenpreis (*Veronica chamaedrys*)
- Wiesen-Salbei (*Salvia pratensis*)
- Kriechender Günsel (*Ajuga reptans*)
- Witwenblume (*Knautia arvensis*)
- Tauben-Skabiose (*Scabiosa columbaria*)
- Rundblättrige Glockenblume (*Campanula rotundifolia*)
- Knolliger Hahnenfuß (*Ranunculus bulbosus*)
- Wilde Möhre (*Daucus carota*) – zweijährig
- Rauer Löwenzahn (*Leontodon hispidus*)
- Wiesen-Flockenblume (*Centaurea jacea*)

Frischer Standort

- Wiesen-Glockenblume (*Campanula patula*) – zweijährig
- Scharfer Hahnenfuß (*Ranunculus acris*)
- Wiesenkerbel (*Anthriscus sylvestris*)
- Wiesen-Bärenklau (*Heracleum sphondylium*)
- Wiesen-Pippau (*Crepis biennis*) – zweijährig
- Gewöhnliches Ferkelkraut (*Hypochoeris radicata*)
- Wiesen-Schaumkraut (*Cardamine pratensis*)

Mit dem Saatgut der Kräutergärtnerei Syringa neubegründete Wiese im vierten Standjahr. Beachte die reiche Blüte von Rot-Klee, Hornklee, Margerite, Wiesen-Glockenblume und Wiesen-Witwenblume.

Das Wiesen-Schaumkraut (*Cardamine pratensis*) ist für frische Wiesen typisch und eine vielbesuchte Nektar- und Pollenquelle.

Ein Weibchen der Rotfransigen Sandbiene (*Andrena haemorrhoa*) kurz vor dem Abflug von einer Blüte des Wiesen-Schaumkrauts.

Der Gewöhnliche Hornklee (*Lotus corniculatus*) wächst vor allem auf trockenen Wiesen und auf Magerrasen.

Die Luzerne-Blattschneiderbiene (*Megachile rotundata*), hier ein Weibchen, nutzt den Hornklee besonders gerne.

Werden Magerwiesen traditionell als Heuwiesen bewirtschaftet und nur zweimal im Jahr gemäht, blüht auch der Wiesen-Salbei (*Salvia pratensis*).

Eine Salbei-Schmalbiene (*Lasioglossum xanthopus*) sammelt Pollen am Wiesen-Salbei.

Wiesen, Weiden und Wegränder sind die typischen Wuchsorte der Wiesen-Flockenblume (*Centaurea jacea*).

Eine Bunthummel (*Bombus sylvarum*) beim Besuch der Wiesen-Flockenblume.

Ranken- und Kletterpflanzen

Die stickstoffliebende Rotfrüchtige Zaunrübe (*Bryonia dioica*, links) kann man durch Aussaat ihrer roten Beeren (giftig!) z. B. am Gartenzaun ansiedeln. Als Pollenquelle kommen aber nur die männlichen Pflanzen in Frage. Es empfiehlt sich eine regelmäßige Stickstoffgabe (z. B. mit Mist). Dort, wo die Zaunrübe sich von selbst einstellt, z. B. in Parkanlagen, sollte man sie dulden. Neben der streng oligolektischen Zaunrüben-Sandbiene (*Andrena florea*, rechts) profitieren auch andere Bienenarten von dem reichen und langanhaltenden Blütenflor.

Die karminrote oder weiße Breitblättrige Platterbse (*Lathyrus latifolius*, links) eignet sich hervorragend für Zäune und Böschungen. Sie ist eine beliebte Pollenquelle der Platterbsen-Mörtelbiene (*Megachile ericetorum*, rechts), der Garten-Blattschneiderbiene (*Megachile willughbiella*), der Schwarzbürstigen Blattschneiderbiene (*Megachile nigriventris*) und der Blauschwarzen Holzbiene (*Xylocopa violacea*).

Von altem Efeu (*Hedera helix*, links) überwachsene Mauern sind besonders erhaltenswert. An solchen Stellen kann vielfach die Efeu-Seidenbiene (*Colletes hederae*, rechts) im Spätsommer Pollen sammelnd beobachtet werden. Damit es auch noch in Jahrzehnten alte blühende Efeu-Hecken gibt, sollten sie dort, wo der Efeu fehlt oder abgängig ist, neu gepflanzt werden.

Pionierpflanzen

Vorübergehend sich selbst überlassene Flächen, sogenannte Ruderalstellen mit Pionierpflanzen, haben eine außerordentlich hohe Bedeutung für Wildbienen, vor allem auf Sand oder Löss. Zahlreiche Bienenarten treten hier mit hoher Stetigkeit auf, weil hier ihre Pollenquellen wachsen oder weil sie hier nisten. Leider werden solche Stellen häufig unnötig „gepflegt", d.h. gemäht oder gemulcht. Einige Pionierpflanzen kann man auf einem künstlichen Schutthaufen im Garten ansiedeln. Lehmigen Boden kann man mit Kies oder Sand stark anreichern, um seine Wasserdurchlässigkeit zu erhöhen und dadurch die Standortverhältnisse zu verbessern. Unerwünschte Pflanzen stellen sich dann weniger häufig ein. Sobald die Pflanzen ihre Samen verstreuen, bearbeiten wir den Boden, damit sie sich selbst vermehren können. Wer genügend Platz hat und die Kosten nicht scheut, kann auch eine LKW-Ladung mit ungewaschenem (!) Kies (verschiedene Korngrößen gemischt) oder mit Kalkschotter kaufen und im Garten an einer gut besonnten Stelle abkippen lassen. Die Kies- oder Schotterfläche kann man mit Pionieren trockenwarmer Standorte gezielt bepflanzen, oder man überlässt sie einfach der Selbstbegrünung. Hier können z.B. die Färber-Resede (*Reseda luteola*), die Wilde Resede (*Reseda lutea*) und der Gewöhnliche Natterkopf (*Echium vulgare*) erfolgreich kultiviert werden. Sie locken erstaunlich viele Hautflügler an. Bestimmte Disteln wie die Nickende Distel (*Carduus nutans*) und die Gewöhnliche Kratzdistel (*Cirsium vulgare*) sind als zweijährige Pflanzen weit weniger problematisch als vielfach angenommen. Meist enthalten die Büschel von Flughaaren, die nach dem Abblühen vom Wind verweht werden, überhaupt keine Samen mehr. Ein dadurch möglicherweise ausgelöster Nachbarschaftskonflikt ist deshalb unbegründet.

Hier wurde einfach eine Ladung Kies mit ausreichend Feinerde abgekippt und eine Zeitlang sich selbst überlassen, bis sich verschiedene Pionierpflanzen eingestellt hatten.

Wer den zweijährigen Gewöhnlichen Natterkopf (*Echium vulgare*) kultiviert, wird erstaunlich viele Wildbienen damit anlocken.

Die Wilde Resede (*Reseda lutea*) ist außer für Wildbienen auch für Grabwespen, Goldwespen und andere Hautflügler sehr attraktiv.

Kalk- und stickstoffarme Standorte von Wegrändern, Schuttplätzen, Brachen oder – wie hier – am Fuß von Mauern besiedelt der Grüne Pippau (*Crepis capillariss*, links). Dieser Korbblütler ist nicht nur eine beliebte Pollenquelle, sondern wird auch gerne des Nektars wegen genutzt, etwa hier von der Wespenbiene *Nomada fucata* (rechts).

Die ein- bis zweijährige Färber-Resede (*Reseda luteola*, links) ist eine alte Färberpflanze und in weiten Teilen Europas als Kulturrelikt eingebürgert. In Deutschland gilt sie als einheimisch. Sie ist wie alle *Reseda*-Arten bei Hautflüglern sehr beliebt und wird hier von der Sandbiene *Andrena nigroaenea* (rechts) besucht.

Unbebaute Flächen in Gewerbegebieten werden spontan von Pionierpflanzen besiedelt, wodurch artenreiche Ruderalgesellschaften entstehen können, vor allem auf Sand (rechts). Sie können aber auch gezielt im Garten angelegt werden und liefern dann für viele Bienenarten reichlich Nahrung; manchen Arten dienen sie auch als Nistplatz. Der hier neben Graukresse (*Berteroa incana*) und Wilder Möhre (*Daucus carota*) blühende Rainfarn (*Tanacetum vulgare*) wurde zum Zeitpunkt der Aufnahme von folgenden Bienenarten besucht: Seidenbienen *Colletes fodiens* (oben links), *Colletes daviesanus* und *Colletes similis*, Maskenbiene *Hylaeus nigritus* und Furchenbienen *Halictus subauratus* (unten links), *Halictus submediterraneus* und *Halictus leucaheneus*.

Die zweijährige Nickende Distel (*Carduus nutans*, links) ist eine begehrte Pollenquelle mehrerer oligolektischer und polylektischer Bienenarten. Im Bild rechts hat das Weibchen der Gelbbindigen Furchenbiene (*Halictus scabiosae*) seine Transporteinrichtungen mit deren Pollen bereits reich befüllt.

Ein- und zweijährige Wild- und Zierpflanzen

Im Ziergarten sollte unter den Sommerblumen neben der Kornblume (*Centaurea cyanus*, ungefüllt!) und dem Klatsch-Mohn (*Papaver rhoeas*) auch die Garten-Resede (*Reseda odorata*) nicht fehlen. Sie bietet der Reseden-Maskenbiene (*Hylaeus signatus*) Nahrung, die ausschließlich *Reseda*-Arten besucht. Sehr attraktiv sind auch zwei andere *Reseda*-Arten, die Weiße Resede (*Reseda alba*) und die Färber-Resede (*Reseda luteola*), die sich auch ganz einfach im Pflanzkübel auf der Terrasse kultivieren lassen. Vielfach wird der mediterrane Wegerichblättrige Natterkopf (*Echium plantagineum*) kultiviert. Er zählt in einem Wildbienen-Garten zu den besonders beliebten einjährigen Blumen. Die Echte Kamille (*Matricaria chamomilla*) ist u.a. für die Buckel-Seidenbiene (*Colletes daviesanus*) und die Gewöhnliche Löcherbiene (*Heriades truncorum*) attraktiv.

Unter den zweijährigen Frühlings- oder Sommerblumen sind die diversen Schöterich-Hybriden (*Erysimum*), das Garten-Silberblatt (*Lunaria annua*) und die Nachtviole (*Hesperis matronalis*) zu empfehlen. Die Blauschwarze Holzbiene (*Xylocopa violacea*) wird dort, wo sie vorkommt, von dem zweijährigen Muskateller-Salbei (*Salvia sclarea*) wie magisch angezogen.

Wegerichblättriger Natterkopf (*Echium plantagineum*).

Garten-Resede (*Reseda odorata*, links) und Männchen der Reseden-Maskenbiene (*Hylaeus signatus*, rechts).

Erysimum-Hybride und Schöterich-Mauerbiene (*Osmia brevicornis*).

Um den Wildbienenarten, die Kreuzblütler besonders lieben oder sogar daran gebunden sind, eine Pollenquelle zu schaffen, pflanzen Sie einfach ein paar junge Winterraps-Rosetten in einen Mörtelkübel. Wenn der Raps im April und Mai blüht, werden sich neben der Zweizelligen Sandbiene (*Andrena lagopus*) verschiedenste andere Wildbienenarten als Blütenbesucher einstellen. Ähnliches gilt für den Acker-Senf (*Sinapis arvensis*) und den später blühenden Gelb-Senf (*Sinapis alba*), die im März bzw. April ausgesät werden sollten, damit sie im Mai und Juni zur Blüte kommen. Das Spektrum der für Wildbienen wichtigen Wildpflanzen mit einjähriger Entwicklung ist im Vergleich mit zwei- und mehrjährigen Arten nicht groß. Typische einjährige Pflanzen sind Echte Kamille (*Matricaria chamomilla*), Acker-Hundskamille (*Anthemis arvensis*), Kornblume (*Centaurea cyanus*) und Klatsch-Mohn (*Papaver rhoeas*).

Kornblume (*Centaurea cyanus*) und Acker-Hundskamille (*Anthemis arvensis*).

Mörtelkübel mit Raps (*Brassica napus*).

Klatsch-Mohn (*Papaver rhoeas*).

Zwiebelgewächse

Zwiebelgewächse lassen sich im Rasen, in der Blumenwiese, im Staudenbeet, unter lichtem Gehölz oder im Steingarten verwenden. Unter den Frühblühern sei vor allem der Nickende Blaustern (*Scilla siberica*) empfohlen, der im zeitigen Frühjahr das noch spärliche Nahrungsangebot für die Gehörnte Mauerbiene (*Osmia cornuta*) und einige andere Frühlingsarten bereichert. Der Doldige Milchstern (*Ornithogalum umbellatum*) wird im Garten v.a. von Sandbienen (*Andrena*) und Schmalbienen (*Lasioglossum*) genutzt. Allerdings gibt es in Mitteleuropa mit *Andrena saxonica* und *Andrena mocsaryi* zwei sehr seltene Sandbienenarten, die auf die Milchstern-Verwandtschaft spezialisiert sind.

Großer Bestand des Nickenden Blausterns (*Scilla siberica*) unter Parkbäumen.

Die etwas später aufblühenden Traubenhyazinthen (*Muscari*) werden vor allem von den Männchen der Rostroten Mauerbiene (*Osmia bicornis*) besucht, von den Weibchen der Gehörnten Mauerbiene (*Osmia cornuta*) auch zum Sammeln von Pollen.

Eine der zwölf Bienenarten, die bislang am Milchstern (*Ornithogalum*) bei der Pollenernte beobachtet wurden, ist die Schmalbiene *Lasioglossum laevigatum*.

Ein frisch geschlüpftes Weibchen der Gehörnten Mauerbiene (*Osmia cornuta*) besucht den Blaustern, der trotz seiner kurzen Blühzeit als Nektar- und Pollenquelle attraktiv ist.

Hier wurde bereits viel Blaustern-Pollen in der als Transporteinrichtung dienenden Bauchbürste gespeichert. Die blaue Pollenfarbe belegt die Blütenstetigkeit des Weibchens auf seinem Sammelflug.

Die im Hochsommer blühenden Laucharten sind die ausschließlichen Pollenquellen der Lauch-Maskenbiene (*Hylaeus punctulatissimus*, rechts), die dem Anbau von Zwiebeln (links: Küchenzwiebel) und Küchenlauch in den menschlichen Siedlungen gefolgt ist. In Ziergärten besucht sie aber auch den Kugel-Lauch (*Allium sphaerocephalon*, links), den Runden Lauch (*Allium rotundum*), den Berg-Lauch (*Allium lusitanicum*) und den Gelben Lauch (*Allium flavum*). Weil der Schnittlauch viel früher blüht, kommt er als Pollenquelle für die Maskenbiene nicht in Frage.

Wildstauden

Aus der Fülle der im Handel erhältlichen Stauden werden hier nur die aufgeführt, die hervorragende Nahrungspflanzen für Wildbienen sind. Berücksichtigt sind in erster Linie einheimische Wildstauden, die sich im Staudenbeet, im Steingarten, im Saum von Hecken oder am Tümpelrand gut integrieren lassen.

Glockenblumen sollten in keinem Garten fehlen. Rundblättrige Glockenblume (*Campanula rotundifolia*).

Der Rainfarn (*Tanacetum vulgare*, oben) ist eine typische Pollenquelle einiger Seidenbienen wie *Colletes similis* (unten) und auch anderer Korbblütler-Spezialisten des Hochsommers.

Männchen der Glockenblumen-Scherenbiene (*Chelostoma rapunculi*).

Pfirsichblättrige Glockenblume (*Campanula persicifolia*).

Gewöhnlicher Eibisch (*Althaea officinalis*).

Ruhr-Flohkraut (*Pulicaria dysenterica*).

Flachblättriger Mannstreu (*Eryngium planum*).

Spinnwebige Hauswurz (*Sempervivum arachnoideum*).

Für Wildbienen empfohlene Stauden

Lippenblütler (Lamiaceae)

- Woll-Ziest (*Stachys byzantina*). Trockener Standort. Nicht nur Futterpflanze, sondern auch Lieferant von Baumaterial für die Garten-Wollbiene (*Anthidium manicatum*).
- Aufrechter Ziest (*Stachys recta*). Trockener Standort.
- Sumpf-Ziest (*Stachys palustris*). Tümpelrand.
- Wald-Ziest (*Stachys sylvatica*). Halbschattige Orte, Tümpelrand. Pollenquelle der Wald-Pelzbiene (*Anthophora furcata*).
- Heil-Ziest (*Betonica officinalis*).
- Nesseln (*Lamium*-Arten). Halbschattiger, nährstoffreicher Standort. Regelmäßige Besucher sind die Frühlings-Pelzbiene (*Anthophora plumipes*) und Hummelköniginnen.
- Schwarznessel (*Ballota nigra*). Charakterart stickstoffreicher Plätze in Dörfern, braucht stickstoffreichen Boden. Besonders beliebt bei der Vierfleck-Pelzbiene (*Anthophora quadrimaculata*) und der Garten-Wollbiene (*Anthidium manicatum*).
- Edel-Gamander (*Teucrium chamaedrys*). Steingarten.
- Herzgespann (*Leonurus cardiaca*).
- Klebriger Salbei (*Salvia glutinosa*). Beliebt bei *Megachile ligniseca*.

Schmetterlingsblütler (Fabaceae)

- Frühlings-Platterbse (*Lathyrus vernus*). Heckensaum. Pollenquelle der Wicken-Sandbiene (*Andrena lathyri*).
- Hauhechel (*Ononis*-Arten). Steingarten. Beliebt bei der Garten-Wollbiene (*Anthidium manicatum*) und der Platterbsen-Mörtelbiene (*Megachile ericetorum*).
- Futter-Esparsette (*Onobrychis viciifolia*). Trockener Standort.

Glockenblumengewächse (Campanulaceae)

- Glockenblumen (*Campanula*-Arten), blau, z.B. Knäuel-Glockenblume (*C. glomerata*) und Pfirsichblättrige Glockenblume (*C. persicifolia*) für das Staudenbeet. Ranken-Glockenblumen (*C. poscharskyana*, *C. portenschlagiana*) für Steingarten und Trockenmauer. Alle Glockenblumen sind bei vielen Bienenarten äußerst beliebt; unverzichtbar sind sie für die spezialisierten Scherenbienenarten *Chelostoma rapunculi*, *Chelostoma campanularum* und *Chelostoma distinctum* sowie die Glockenblumen-Sägehornbiene (*Melitta haemorrhoidalis*).

Borretschgewächse (Boraginaceae)

- Lungenkraut (*Pulmonaria*-Arten). Halbschatten. Wichtig als Frühlingsnahrung für einige Hummelköniginnen und die Frühlings-Pelzbiene (*Anthophora plumipes*).
- Gemeiner Beinwell (*Symphytum officinale*). Feuchter Gehölzrand.
- Gewöhnliche Ochsenzunge (*Anchusa officinalis*). Vor allem auf Sand und Löss. Pollenquelle der seltenen Ochsenzungen-Sandbiene *Andrena nasuta*.

Dickblattgewächse (Crassulaceae)

- Fetthenne (*Sedum*-Arten), v.a. Felsen-Fetthenne (*Sedum rupestre*), und Hauswurz, v.a. Spinnweb-Hauswurz (*Sempervivum arachnoideum*). Steingarten, Trockenmauer. Größere Bestände werden von den Männchen der Spalten-Wollbiene (*Anthidium oblongatum*) als Nahrungsquellen der Weibchen verteidigt.

Kreuzblütler (Brassicaceae)

- Blaukissen (*Aubrietia deltoidea*). Steingarten, Trockenmauer. Besonders gern patrouillieren die Männchen der Frühlings-Pelzbiene an dieser Pflanze.
- Steinkraut für Steingarten und Trockenmauer, z.B. Berg-Steinkraut (*Alyssum montanum*), Echtes Felsensteinkraut (*Aurinia saxatilis*).
- Gänse-Schöterich (*Erysimum crepidifolium*). Steingarten. Wichtig für die Schöterich-Mauerbiene (*Osmia brevicornis*).
- Nachtviole (*Hesperis matronalis*). Staudenbeet.

Primelgewächse (Primulaceae)

- Drüsiger Gilbweiderich (*Lysimachia punctata*), Heckenrand, Staudenbeet. Gewöhnlicher Gilbweiderich (*Lysimachia vulgaris*). Tümpelrand, Sumpfbeet. Beide Gilbweidericharten sind Pollen-und Blumenölquellen der stellenweise auch in Gärten auftretenden Wald-Schenkelbiene (*Macropis fulvipes*). Die nahverwandte Auen-Schenkelbiene (*Macropis europaea*) ist für Hochstaudenfluren feuchter Standorte charakteristisch, ist bisweilen aber auch in Gärten anzutreffen.

Doldengewächse (Apiaceae)

- Mannstreu (*Eryngium*-Arten), v.a. Flachblättriger Mannstreu (*Eryngium planum*), liebt sonnigen, durchlässigen Boden. Sehr beliebt bei der Sandbiene *Andrena rosae*, in niederen Lagen auch bei der Luzerne-Blattschneiderbiene (*Megachile rotundata*).

Malvengewächse (Malvaceae)

- Malvenarten, z.B. Moschus-Malve (*Malva moschata*), Rosen-Malve (*Malva alcea*). Gewöhnlicher Eibisch (*Althaea officinalis*). Thüringer Strauchpappel (*Lavatera thuringiaca*). Staudenbeet. Pollenquellen der sehr seltenen Malven-Langhornbiene (*Eucera malvae*).

Blutweiderichgewächse (Lythraceae)

- Gewöhnlicher Blutweiderich (*Lythrum salicaria*). Tümpelrand, Sumpfbeet. In Flusstälern bevorzugte Pollenquelle der Blutweiderich-Sägehornbiene (*Melitta nigricans*) und der seltenen Blutweiderich-Langhornbiene (*Eucera salicariae*).

Geißblattgewächse (Caprifoliaceae)

- Wiesen-Knautie (*Knautia arvensis*), Wald-Knautia (*Knautia maxima*). Ersatzweise auch Mazedonische Knautie (*Knautia macedonica*). Staudenbeet. Alle drei sind wichtige Pollenquellen der Knautien-Sandbiene (*Andrena hattorfiana*).

Nachtkerzengewächse (Onagraceae)

- Wald-Weidenröschen (*Epilobium angustifolium*). Heckenrand.

Korbblütler (Asteraceae)

- Rainfarn (*Tanacetum vulgare*), besonders wichtig für die Buckel-Seidenbiene (*Colletes daviesanus*) und die Rainfarn-Maskenbiene (*Hylaeus nigritus*), aber auch für andere Korbblütler-Spezialisten wie die Gewöhnliche Löcherbiene (*Heriades truncorum*).
- Gold-Schafgarbe (*Achillea filipendulina*). Staudenbeet. Beliebt bei der Buckel-Seidenbiene (*Colletes daviesanus*) und der Rainfarn-Maskenbiene (*Hylaeus nigritus*).
- Färber-Hundskamille (*Anthemis tinctoria*). Sonnige Plätze. Wird gerne von der Gewöhnlichen Löcherbiene (*Heriades truncorum*) besucht.
- Schwert-Alant (*Inula ensifolia*). Steingarten. Außer bei der Gewöhnlichen Löcherbiene (*Heriades truncorum*) auch bei der Luzerne-Blattschneiderbiene (*Megachile rotundata*) sehr beliebt.
- Wiesen-Alant (*Inula britannica*), nicht zu trockene Stellen, breitet sich durch Ausläufer aus, daher besser in Container pflanzen.
- Ruhr-Flohkraut (*Pulicaria dysenterica*). Spätblühend. Tümpelrand.
- Ochsenauge (*Buphthalmum salicifolium*). Kalkliebend. Steingarten oder Staudenbeet.
- Wegwarte (*Cichorium intybus*). In Sand- und Lössgebieten beliebt bei der Wegwarten-Hosenbiene (*Dasypoda hirtipes*).
- Rispen-Flockenblume (*Centaurea stoebe*). Trockenwarmer Standort. In wärmeren Landesteilen gerne von der Gekerbten Löcherbiene (*Heriades crenulata*) genutzt.

Gewöhnliche Wegwarte (*Cichorium intybus*).

Gelbbindige Furchenbiene (*Halictus scabiosae*) sammelt Pollen auf der Gewöhnlichen Wegwarte.

Wegwarten-Hosenbiene (*Dasypoda hirtipes*) bei der Pollenernte auf der Gewöhnlichen Wegwarte.

A
B
C
D
E
F

A Ein Weibchen der Mai-Langhornbiene (*Eucera nigrescens*) bei der Pollenernte an der Frühlings-Platterbse (*Lathyrus vernus*).
B Die Knautien-Sandbiene (*Andrena hattorfiana*) auf dem Blütenstand der Mazedonischen Knautie (*Knautia macedonica*).
C Die Furchenbiene *Halictus maculatus* auf dem Blütenstand des Weidenblättrigen Ochsenauges (*Buphthalmum salicifolium*).
D Die Blattschneiderbiene *Megachile lapponica* am Wald-Weidenröschen (*Epilobium angustifolium*).
E Die Garten-Wollbiene (*Anthidium manicatum*) kann man mit dem Heil-Ziest (*Betonica officinalis*) und anderen Lippenblütlern in den eigenen Garten locken.
F Eine Ackerhummel (*Bombus pascuorum*) beim Anflug an Wald-Ziest (*Stachys sylvatica*).
G Die Vierfleck-Pelzbiene (*Anthophora quadrimaculata*) an Katzenminze (*Nepeta × fassenii*).

G

Ein Garten mit einem so vielfältig bepflanzen Staudenbeet bietet vielen Bienenarten, darunter auch Pollenspezialisten, das für die Brutversorgung nötige Futter. In dem hier zu sehenden Garten wurden mehr als 100 Bienenarten festgestellt.

Heil- und Gewürzkräuter

Viele Heil- und Gewürzkräuter gehören zu den Lippenblütlern und sind daher gute Nahrungsquellen für Wildbienen. Besonders beliebt sind Garten-Salbei (*Salvia officinalis*), Muskateller-Salbei (*Salvia sclarea*), Ysop (*Hyssopus officinalis*), Zitronen-Thymian (*Thymus × citridorus*) und Zitronen-Melisse (*Melissa officinalis*). Ausdauernde Arten können sehr gut auch im Staudenbeet oder im Steingarten Verwendung finden. Selbst auf dem Balkon kann man einige von ihnen kultivieren. Wollbienen (*Anthidium*), Wespenbienen (*Nomada*), Pelzbienen (*Anthophora*) und Hummeln (*Bombus*) werden durch den reich angebotenen Nektar, aber auch den Pollen angelockt.

Der Muskateller-Salbei (*Salvia sclarea*) ist bei der Blauschwarzen Holzbiene (*Xylocopa violacea*) als Nektar- und Pollenquelle sehr beliebt. Im Mittelmeerraum ist diese Holzbiene der Hauptbestäuber dieses Lippenblütlers.

Oben links: Weibchen der Blauschwarzen Holzbiene (*Xylocopa violacea*) bei der Pollenernte am Muskateller-Salbei. Unten links: Weibchen der Platterbsen-Mörtelbiene (*Megachile ericetorum*) bei der Verköstigung mit Nektar in einer Blüte des Muskateller-Salbeis.

Gemüsebeete

Selbst im Gemüsegarten können wir das Nahrungsangebot für Wildbienen bereichern, indem wir Küchenlauch (*Allium porrum*) oder Küchenzwiebeln (*Allium cepa*) für die Lauch-Maskenbiene (*Hylaeus punctulatissimus*) blühen lassen. Ich besorge mir alljährlich im Gemüsemarkt Ende März/Anfang April Lauchstangen mit möglichst unversehrten Wurzeln. Damit der Lauch im Garten wieder gut anwächst, wird der weiße Schaft ganz eingegraben und gut angegossen. Im Frühsommer entwickeln sich daraus prächtige Blütenkugeln mit einer hohen Attraktivität für verschiedene Maskenbienen (*Hylaeus*), Hummeln und Tagfalter. Gleiches gilt für Küchenzwiebeln, wenn man ihren Schaft nach dem Austreiben nicht knickt.

Küchenlauch (*Allium porrum*).

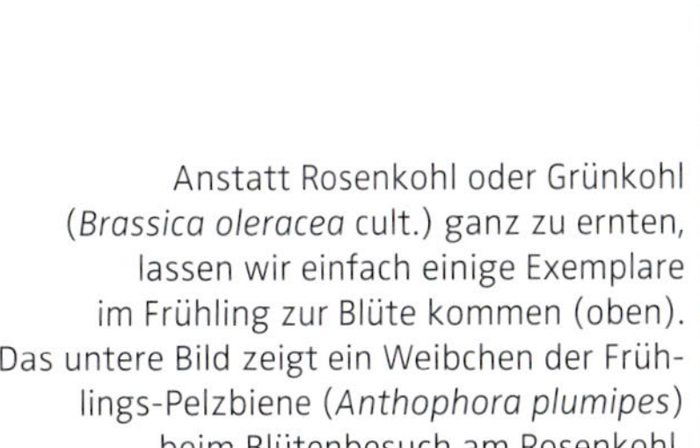

Anstatt Rosenkohl oder Grünkohl (*Brassica oleracea* cult.) ganz zu ernten, lassen wir einfach einige Exemplare im Frühling zur Blüte kommen (oben). Das untere Bild zeigt ein Weibchen der Frühlings-Pelzbiene (*Anthophora plumipes*) beim Blütenbesuch am Rosenkohl.

Ein reich bepflanzter Balkon. Links: Färber-Hundskamille (*Anthemis tinctoria*), Wilde Resede (*Reseda lutea*), Färber-Resede (*Reseda luteola*), Deutscher Ziest (*Stachys germanica*), Büschel-Glockenblume (*Campanula glomerata*), Kornblume (*Centaurea cyanus*). Mitte: Weiße Resede (*Reseda alba*). Rechts: Felsen-Fetthenne (*Sedum rupestre*).

Pelargonien („Geranien"), Petunien oder Pantoffelblumen, oft verwendete Balkonpflanzen, sind für Wildbienen und fast alle anderen heimischen Insekten völlig uninteressant. Nur das Taubenschwänzchen, ein zur Schmetterlingsfamilie der Schwärmer zählender Wanderfalter, kann mit den Pelargonien etwas anfangen; wie ein Kolibri im Stehflug schwirrend saugt er mit seinem langen Rüssel den Nektar aus den langen Kronröhren. Leicht können aber einjährige Blumen und Wildkräuter sowie eine ganze Reihe von Stauden auch in Balkonkästen und in Kübeln kultiviert werden. Von April bis Oktober können hier rund dreißig verschiedene Arten an Wild- und Nutzpflanzen blühen. Durch den im Jahresverlauf immer wieder wechselnden Blühaspekt kann so eine Bepflanzung auch von hoher ästhetischer Wirkung sein. Als Pflanzerde sollte man lockere, gut durchlüftete Erde verwenden, die das Wasser gut speichert. Typische Geranien- oder Balkonblumenerde ist meist viel zu humusreich. Enthält sie Torf, sollte man sie ohnehin nicht kaufen. Man besorgt sich am besten in der Umgebung des Wohnortes humusarmen Boden (z.B. lehmigen Sand, sandigen Lehm), dem etwas Kompost beigemischt ist. Auch Gartenerde ist geeignet, wenn sie durch Beigabe von Sand etwas abgemagert ist. Eine mäßige Gabe organischen Düngers empfiehlt sich im Frühling. Zu jeder Zeit sollte Staunässe vermieden werden. Deshalb sollte man für guten Wasserablauf sorgen (im Winter den Boden gegebenenfalls abdecken). Bei großer Hitze im Sommer ist tägliches Gießen notwendig.

Manche *Erysimum*-Hybriden wie diese violette Form (oben) werden von einigen Frühlingsbienen, darunter auch Hummelköniginnen, als Nektar- und ebenso als Pollenquellen gerne besucht, hier z. B. von der Sandbiene *Andrena flavipes*, unten).

Balkonkasten

- Knäuel-Glockenblume (*Campanula glomerata*)
- Ranken-Glockenblume (*Campanula poscharskyana*)
- Dalmatiner Glockenblume (*Campanula portenschlagiana*)
- Rundblättrige Glockenblume (*Campanula rotundifolia*)
- Schwert-Alant (*Inula ensifolia*)
- Färber-Hundskamille (*Anthemis tinctoria*)
- Felsen-Fetthenne (*Sedum rupestre*)
- Scharfer Mauerpfeffer (*Sedum acre*)
- Feld-Thymian (*Thymus vulgaris*)
- Zitronen-Thymian (*Thymus × citridorus*)
- Kleinblütige Bergminze (*Calamintha nepeta*)
- Blaukissen (*Aubrieta deltoidea*)
- Berg-Steinkraut (*Alyssum montanum*)
- Echtes Felsensteinkraut (*Aurinia saxatilis*)
- Kugel-Lauch (*Allium sphaerocephalon*)
- Berg-Lauch (*Allium lusitanicum*)

Pflanzkübel

- Wilde Resede (*Reseda lutea*)
- Färber-Resede (*Reseda luteola*)
- Weiße Resede (*Reseda alba*)
- Aufrechter Ziest (*Stachys recta*)
- Deutscher Ziest (*Stachys germanica*)
- Natterkopf (*Echium vulgare*)
- Wegerichblättriger Natterkopf (*Echium plantagineum*)
- Wilde Platterbse (*Lathyrus sylvestris*)
- Knollen-Platterbse (*Lathyrus tuberosus*)
- Muskateller-Salbei (*Salvia sclarea*)
- Rosmarin (*Rosmarinus officinalis*)
- viele weitere Wildstauden

Die für Balkonkästen empfohlenen Pflanzen lassen sich auch in wandgebundene Fassadenbegrünungen integrieren, wodurch zusätzliche Nahrungsräume entstehen.

Dachbegrünungen

Durch die Begrünung von Flachdächern mit Pflanzen, die Trockenheit und Wärme lieben bzw. vertragen, können Wildbienen ein zusätzliches Nahrungsangebot erhalten. Das Spektrum der Besucher hängt allerdings sehr von der Höhe und Lage des Gebäudes und der Bepflanzung ab. Auf hohen Gebäuden sind Flachdächer und damit potentielle Besiedler starken Winden ausgesetzt. Für die extensive, pflegeleichte Dachbegrünung, z. B. einer Garage, eignen sich eine ganze Reihe von Steingarten- bzw. Trockenmauerpflanzen. Vor allem verschiedene Formen der Fetthenne (*Sedum*) gedeihen auf diesem Extremstandort. Besonders zu empfehlen ist die Felsen-Fetthenne (*Sedum rupestre*), eine beliebte Nahrungsquelle der Spalten-Wollbiene (*Anthidium oblongatum*). Da das Substrat der Flachdächer meist aus Lava oder Kies besteht, ist es für bodennistende Bienenarten als Nistsubtrat ungeeignet.

Begrünte Dächer sind eine Ergänzung, aber kein Ersatz für Trockenrasen, Magerwiesen, Ruderalflächen oder andere für Wildbienen wertvolle Lebensräume!

Begrünung auf einem Institutsdach der Universität Tübingen. Es blühen Scharfer Mauerpfeffer (*Sedum acre*), Kaukasus-Asienfetthenne (*Phedimus spurius*), Heide-Nelke (*Dianthus deltoides*) und Gewöhnliches Leinkraut (*Linaria vulgaris*).

Abhängig von Schichtaufbau und Pflegeaufwand sind u. a. folgende Wildstauden für Dachbegrünungen geeignet:

- Felsen-Fetthenne (*Sedum rupestre*)
- Scharfer Mauerpfeffer (*Sedum acre*)
- Kaukasus-Asienfetthenne (*Phedimus spurius*)
- Dachwurz (*Sempervivum tectorum*)
- Spinnweb-Hauswurz (*Sempervivum arachnoideum*)
- Blaukissen (*Aubrieta deltoidea*)
- Berg-Steinkraut (*Alyssum montanum*)
- Echtes Felsensteinkraut (*Aurinia saxatilis*)
- Ranken-Glockenblume (*Campanula poscharskyana*)
- Sternpolster-Glockenblume (*Campanula garganica*)
- Rundblättrige Glockenblume (*Campanula rotundifolia*)
- Schwert-Alant (*Inula ensifolia*)
- Färber-Hundskamille (*Anthemis tinctoria*)
- Wundklee (*Anthyllis vulneraria*)
- Ysop (*Hyssopus officinalis*)

Ein sich auf dem Flachdach sonnendes Männchen der Spalten-Wollbiene (*Anthidium oblongatum*).

Auch Ysop (*Hyssopus officinalis*) kann in die Dachbegrünung integriert werden.

Ein Weibchen der Luzerne-Blattschneiderbiene (*Megachile rotundata*) trinkt Nektar am Scharfen Mauerpfeffer (*Sedum acre*).

Wildblumen-Saatgutmischungen

Schon seit längerer Zeit werden in der Agrarlandschaft, aber auch in Dörfern und Städten Blühflächen mit einer Standzeit von 1–5 Jahren angelegt. Sie sind meistens aus Kultur- und/oder Wildpflanzenarten zusammengesetzt und sollen Blütenbesucher fördern. Allerdings sind sie entgegen mancher Behauptungen kein Allheilmittel gegen den starken Rückgang so vieler Insektenarten, speziell der Wildbienen. Wenn sie, was vielfach der Fall ist, für Zwecke der Imkerei gedacht sind, bringen sie für Wildbienen nur dann etwas, wenn sie geeignete Pollenquellen aufweisen. Dies gilt auch für den Siedlungsraum, der in diesem Buch im Vordergrund steht, zumal in der Agrarlandschaft schon allein nach dem Bundesnaturschutzgesetz (§ 40) bestimmte Vorgaben erfüllt sein müssen (www.regionalisierte-pflanzenproduktion.de). Auf die im Handel angebotenen, in ihrer Qualität teils sehr unterschiedlichen Saatgutmischungen kann hier aus Platzgründen nicht näher eingegangen werden. Wichtig ist, dass sie heimische Pflanzenarten und Vertreter der folgenden Pflanzenfamilien enthalten, die für viele Pollenspezialisten unverzichtbar, aber auch für nicht spezialisierte Arten attraktiv sind: Doldenblütler, Kreuzblütler, Lippenblütler, Schmetterlingsblütler, Borretschgewächse, Resedengewächse, Glockenblumengewächse und Korbblütler. Wenn ganz bestimmte oligolektische Arten gefördert werden sollen, empfiehlt es sich, deren Pollenquellen in größerem Umfang für eine Aussaat vorzusehen. Für langrüsselige Hummeln sind blühende (!) Rot-Klee-Felder sehr lohnend. Ein- bis zweijährige Mischungen, die neben Kornblume und Klatsch-Mohn auch Reseden und Natterkopf enthalten, sind natürlich besser als reine Grasfluren. Im Vergleich mit kurzlebigen sind mehrjährige Blühmischungen aber deutlich wirksamer, vor allem, wenn das

So bunt blüht im Juni die Wildblumenmischung Nr. 13 der Kräutergärtnerei Syringa auf einer größeren Fläche am Siedlungsrand. Nach vier Jahren wurde sie durch Wiesenvegetation ersetzt. Es blühen Gewöhnlicher Natterkopf (*Echium vulgare*), Färber-Hundskamille (*Anthemis tinctoria*), Rosen-Malve (*Malva alcea*) und Großblütige Königskerze (*Verbascum densiflorum*).

enthaltene Artenspektrum vielfältig ist und aus Vertretern der bereits genannten Pflanzenfamilien besteht. Hinzu kommt: Auf ein- und demselben Standort – und nicht nur im Garten – sollte man kurzlebige Mischungen nicht mehrere Jahre hintereinander aussäen: wegen der Bodenermüdung und weil die Verunkrautung z. B. durch Quecke oder Hühnerhirse (ohnehin ein Problem bei Ansaaten) sonst deutlich gefördert würde. Nur durch eine rasche Begrünung und durch Säuberungsschnitte kann der Verunkrautung einigermaßen Einhalt geboten werden. In der Agrarlandschaft wäre der Verzicht auf Herbizide zumindest in Randstreifen der Äcker sehr vorteilhaft. Immer wieder wird auch die Ansaat von sogenannten bienenfreundlichen Energiepflanzen beworben, die oft auf Honigbienen abzielen und damit zwar die Imkerei unterstützen, für Wildbienen aber nur in Ausnahmefällen einen Mehrwert darstellen. Eine prominente „Energiepflanze" ist die gelb blühende Durchwachsene Silphie (*Silphium perfoliatum*), ein nordamerikanischer Korbblütler. Für die Honigbiene ist sie eine lange blühende Nektar- und Pollenquelle. Für Wildbienen ist sie praktisch bedeutungslos, sieht man von einzelnen Pollenbesuchen der Gelbbindigen Furchenbiene (*Halictus scabiosae*) ab. Für den Siedlungsraum, speziell für den Garten, kommen solche, größere Flächen beanspruchende Pflanzungen ohnehin nicht in Frage. Um ein dauerhaftes, also alljährlich zur Verfügung stehendes Nahrungsangebot für Wildbienen zu schaffen, eignen sich artenreiche Wiesen (S. 90) oder Staudenpflanzungen (S. 102) besser. Allerdings ist selbst die vielfältigste Ansaat mit tauglichen Nektar- und Pollenquellen kaum wirksam, wenn im Umfeld der Blühflächen keine artspezifischen Nistplätze vorhanden sind. Dies gilt vor allen Dingen für die vielen im Boden nistenden Bienenarten mit ihren besonderen Ansprüchen an Nistort und -substrat.

Obwohl die oben abgebildeten Sommerblumen aufgrund ihrer bunten Farbenpracht vielen Menschen zweifellos sehr attraktiv erscheinen, sind sie doch für Wildbienen nahezu wertlos. Vor einigen Jahren haben solche neuen Blumenmischungen Aufsehen erregt, und ihre Kultur wurde und wird weiterhin beworben. Die meisten darin enthaltenen Pflanzenarten sind aber für Bienen – mit Ausnahme der Honigbiene und einiger häufiger Wildbienen – leider ohne großen Nutzen. Der Grund: pollenlose gefüllte Blütenstände wie bei bestimmten Sorten der Ringelblume und Kornblume sowie die Herkunft aus anderen Kontinenten (Afrika, Amerika, Vorderasien). An Kalifornischen Goldmohn, Vogeläuglein, Trichterwinde und Roten Lein sind heimische Bienenarten nicht angepasst. Zwar werden solche Neophyten von einigen opportunistischen Bienenarten gelegentlich genutzt, häufige Hummel- und Furchenbienenarten bedürfen einer solchen Förderung allerdings nicht. Eine gewisse Ausnahme macht der blau blühende, mediterrane Wegerichblättrige Natterkopf (*Echium plantagineum*), der von den heimischen Natterkopf-Spezialisten und einigen anderen Bienenarten geschätzt wird. Als besonders problematisch zu bewerten ist die Tatsache, dass solche Mischungen mittlerweile auch auf Freiflächen außerhalb des Siedlungsbereichs (Straßenränder, Verkehrsinseln) ausgebracht werden. Die bereits von anderen (invasiven) Neophyten bekannten Probleme einer Verfälschung und Beeinträchtigung der heimischen Flora sind daher nicht auszuschließen. In Bau- oder Gartenmärkten wird ebenfalls Saatgut angeboten, das für „Honig- und Wildbienen" ein angeblich „lebensnotwendiges Aufbaufutter" sein soll. Wenn es sich um heimische Pflanzenarten (u. a. Rot-Klee, Weiß-Klee, Esparsette, Wiesen-Salbei, Wilde Möhre) handelt, können diese zumindest von einigen Bienenarten genutzt werden. Eine umfassende Förderung von Wildbienen ist damit aber kaum möglich.

Diese Saatgutmischung und ähnliche Mischungen enthalten viele fremdländische Arten und gefüllt blühende Sorten.

Eine vom Autor konzipierte Nistanlage für Wildbienen im April. Zu der Anlage gehören auch markhaltige Stängel und ein Hummelnistkasten. Es ist Absicht, dass nicht alle Ebenen von Anfang an vollständig mit Objekten bestückt sind. So bleibt Platz für neue Nisthilfen und für den sukzessiven Aufbau des Wildbienenbestands.

Nisthilfen für Wildbienen

Wildbienen kann man am Haus, im Garten und in der Schule durch ein vielfältiges Nahrungsangebot, aber auch durch Nisthilfen gezielt fördern. Die nachfolgend beschriebenen Nistmöglichkeiten aus unterschiedlichen Materialien und für unterschiedliche Nistweisen bieten bis zu 40 Arten und ihren Gegenspielern passende Lebensbedingungen. Nisthilfen sind aber nur dann für ihre Besiedler attraktiv, wenn die natürlichen Nistplätze als Vorbild dienen. Da es sehr unterschiedliche Nistweisen gibt, sind demnach umso mehr Arten zu erwarten, je vielfältiger das Angebot an Nisthilfen ist und je mehr es den Ansprüchen ihrer Besiedler entspricht.

Nisthilfen bieten sehr gute Möglichkeiten, vom Frühjahr bis zum Herbst die faszinierende Brutfürsorge der Wildbienen aus nächster Nähe zu erleben. Sie liefern aber nicht nur Gelegenheiten für spannende Beobachtungen, sondern eignen sich auch besonders gut für die praktische Naturerziehung und dienen somit auch pädagogischen Zwecken. Durch den direkten Umgang mit den friedfertigen Hautflüglern, z.B. durch den Bau und die Betreuung von Nisthilfen sowie die Beobachtung ihrer Besiedler am Nest und beim Blütenbesuch, lassen sich Berührungsängste abbauen. Kinder und Jugendliche können eine emotionale Beziehung zu dieser Kleinlebewelt entwickeln. Dies ist eine wichtige Voraussetzung für einen verantwortungsvollen Umgang mit der Natur als Erwachsene und für das Verständnis für Schutzmaßnahmen in der unbebauten Landschaft.

Fast alle an unseren Objekten auftretenden Arten sind weit verbreitet und ungefährdet. Außerdem: Nisthilfen für oberirdisch nistende Arten können nur von einem kleinen Artenspektrum genutzt werden, da fast 2/3 der Bienenarten im Boden nisten. Deshalb eignen sich Nisthilfen auch nur in seltenen Fällen für den Schutz gefährdeter Bienenarten. Viele Arten haben nämlich sehr spezielle Ansprüche und sind nur durch die Sicherung und Pflege ihrer Lebensräume wie Magerrasen, Binnendünen, Felsfluren, Sand- und Kiesgruben oder Schilfröhrichte zu erhalten. Ein Beispiel: Von 115 in meinem Garten beobachteten Bienenarten besiedelte nur ein kleiner Prozentsatz die angebotenen Nisthilfen. Alle anderen Arten traten auf, weil ihnen mit über zweihundert Pflanzenarten ein attraktives Nahrungsangebot bereitgestellt wurde.

Zwei Mädchen beobachten an den Nisthilfen das Treiben der Mauerbienen.

Einige der durchweg solitären Arten besiedeln die Nisthilfen überraschend schnell nach ihrer Bereitstellung, die richtige Jahreszeit vorausgesetzt. Manchmal braucht es aber etwas Geduld, bis bestimmte Arten die Nistgelegenheiten finden und annehmen. Je größer der Artenreichtum und die Bestandsdichte in der Umgebung sind, desto schneller erfolgt eine Besiedlung. Da viele Wildbienen ortstreu sind, nisten sie bevorzugt dort, wo sie sich selbst entwickelt haben, vorausgesetzt, es sind geeignete Nistgelegenheiten in ausreichender Menge vorhanden. Schließlich war ja das Nistplatzangebot für die letzte Generation gut. Man kann diese Tatsache nutzen und von einigen Arten hohe Nestdichten erzielen, wenn man die Nisthilfen Jahr für Jahr ergänzt oder verbessert.

Die verschiedenen Möglichkeiten, geeignete Nisthilfen zu schaffen, sind auf den folgenden Seiten nach thematischen und praktischen Gesichtspunkten zusammengestellt. Sie beruhen auf Erfahrungen und Experimenten, die der Autor erstmals 1985 in der Broschüre „Wildbienenschutz in Dorf und Stadt" veröffentlicht und seither weiter erforscht hat.

Nicht die Ästhetik einer Nisthilfe oder eines Wildbienenhauses ist entscheidend für deren Besiedlung, sondern ihre Qualität. Diese orientiert sich stets an dem natürlichen Vorbild und nicht an dem eigenen Schönheitsempfinden.

Auch wenn eigenen Experimenten keine Grenzen gesetzt sind, so werden doch allzu oft wichtige Details übersehen. Das Ziel unserer Bemühungen sollte doch sein, ein möglichst großes Spektrum an Arten zu fördern. Mangelhafte Nisthilfen führen aber zu einer geringen Besiedlung oder verhindern diese sogar. Dies gilt ganz besonders für die unverständlicherweise immer noch häufig verwendeten Baumscheiben oder Lochziegel. Weil diese Objekte nicht dem natürlichen Vorbild entsprechen, sind sie für Besiedler unattraktiv. Bei Kindern führen fehlerhafte Objekte zur Enttäuschung und schaden der Motivation. Achten Sie deshalb beim Kauf fertiger Nisthilfen (Bezugsquellen siehe Serviceteil) genau auf deren Tauglichkeit. Sie selbst herzustellen hat einen für alle Altersklassen viel größeren Lerneffekt und kann außerdem noch Spaß bereiten. Die meisten in Bau- oder Gartenmärkten erhältlichen sogenannten „Insektenhotels" oder „Bienenhotels" sind untauglich und obendrein oft teuer.

Nisthilfen für Bewohner vorhandener Hohlräume

Am leichtesten und mit größtem Erfolg können wir solchen Arten eine Nistmöglichkeit bieten, die vorhandene Hohlräume verschiedenster Form und Größe besiedeln. In der Natur nutzen die damit angelockten Arten v.a. Fraßgänge von Käfern oder Holzwespen in abgestorbenem Holz. Im Siedlungsbereich dienen auch Löcher im Verputz der Hauswand, Abflussröhrchen und Hohlräume in Fensterrahmen als Nistplätze. Die Größe des Bienenweibchens (Kopfbreite) ist oft maßgeblich für den gewählten Durchmesser.

Bambusrohre und Schilfhalme

Die einfachste Möglichkeit besteht darin, Stücke aus Bambusrohr anzubieten, das in Bau- und Gartenmärkten oder über das Internet erhältlich ist. Dazu wird Bambusrohr mit einem Innendurchmesser von 3–10 mm jeweils hinter den Knoten (Verdickungen) durchgesägt. Auf diese Weise hat das hintere Ende immer einen natürlichen Abschluss, während das vordere Ende für den Nestbau zugänglich bleibt. Werden die Knoten abgesägt, dann ist das offene hintere Ende zu verschließen (z.B. mit Watte). Dadurch ist das Gangende völlig dunkel. Andernfalls würden die Röhrchen nicht besiedelt. Das lockere Mark wird vom Eingang her mit Hilfe eines Bohrers, dessen Durchmesser etwas geringer ist als die des Bambusröhrchens, oder mit Hilfe einer passenden Flaschenbürste ausgeräumt. Das lässt sich gut mit der Hand bewerkstelligen. Ziel sollte sein, eine möglichst glatte Innenwandung zu schaffen. Vor allem für Mauerbienen sind solche Hohlräume sehr attraktiv. Scheren- und Löcherbienen entfernen das Mark aber oft auch selbst. Die 10–16 cm langen Bambusstücke (abhängig von der Dicke des Bambusrohrs) kann man einzeln in die Löcher von Lochziegeln, die es im Baustoffhandel zu kaufen gibt, legen. (Dies ist die einzig sinnvolle Verwendung von Lochziegeln in einer Nisthilfenanlage.) Man kann die fest zusammengeschnürten Bündel auch ohne diesen Schutz im Wildbienenstand, an einer Wand, einem Pfosten oder an der Balkonbrüstung waagrecht anbringen. Auch Schilfhalme (S.119 oben) sind als Nisthilfen geeignet. Damit Meisen,

Diese Bambusröhrchen waren bereits im Vorjahr durch die Gehörnte Mauerbiene (*Osmia cornuta*) in großer Zahl bebaut worden. Im kommenden März sind zahlreiche Männchen geschlüpft und schwärmen vor den Röhrchen, wo sie ihre einige Tage später erscheinenden Weibchen erwarten. Bei einigen Röhrchen ist der Nestverschluss noch unversehrt. Aus ihnen sind noch keine Männchen oder Weibchen geschlüpft. Bambusröhrchen sollten stets waagrecht orientiert sein.

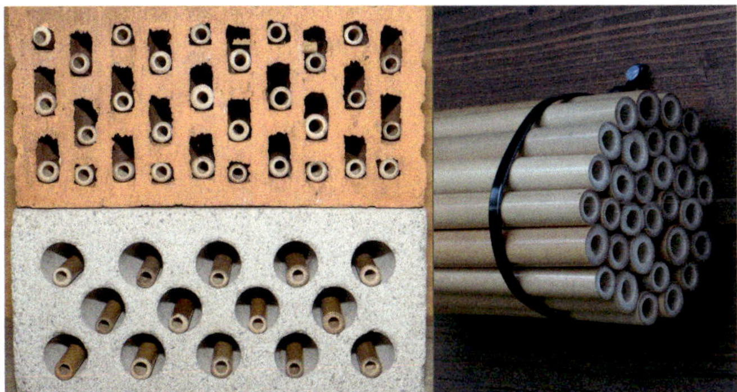

Einfache Möglichkeiten, Bambusröhrchen waagrecht und stabil unterzubringen. Lochziegel ohne Bambusröhrchen sind jedoch sinnlos. Deren Hohlräume werden nicht besiedelt, da sie zu groß und hinten offen sind.

Käufliche Pappröhrchen mit einem Innendurchmesser von 8 mm, die von der Gehörnten Mauerbiene genutzt wurden und die bereits Ende April mit Lehm verschlossen sind. Es gibt sie auch mit 6 mm Durchmesser. Sie sind aber meist nur eine Brutsaison nutzbar.

Spechte oder Mäuse die dünnen Stängelwände nicht aufhacken bzw. aufbeißen und die Brut fressen, schützen wir die Nester in der kalten Jahreszeit mit Maschendraht. Man kann auch vor den Nisthilfen im Abstand von 20 cm ein Vogelschutznetz (Taubennetz) mit einer Maschenweite von 2 × 2 cm oder (besser) 3 × 3 cm hängen. Die Hautflügler können dann problemlos durchfliegen. Eine Rolle aus Schilfhalmen wie die obige wird auf folgende Weise gefertigt: Eine als Sichtschutz im Baumarkt erhältliche Schilfmatte wird mit einer scharfen Rebschere oder einer Dekupiersäge jeweils auf eine Länge von ca. 30 cm gekürzt. Die Halme sollten dabei möglichst nicht gequetscht werden. Die Teilstücke werden aufgerollt. Auf diese Weise erhält man schnell viele Röhrchen unterschiedlicher Länge und Durchmesser. In den obigen Schilfhalmen nisten Mauerbienen, Scherenbienen, Löcherbienen, Maskenbienen und diverse Grab- und Faltenwespen. Natürlich sind auch deren Nutznießer und Gegenspieler zu beobachten.

Nur zur Not kann man auch dürre Stängel der Wilden Karde (*Dipsacus fullonum*) oder anderer Ruderalpflanzen verwenden, wenn deren Wand fest genug ist und sie innen hohl sind.

Hartholz mit Bohrgängen

Zwei selbsthergestellte Nisthilfen aus gut abgelagertem Eschenholz. Der linke Holzblock (5,1 × 22 × 8 cm) enthält Bohrungen von 3,5 mm Durchmesser speziell für Arten wie die Hahnenfuß-Scherenbiene (*Chelostoma florisomne*) und die Glockenblumen-Scherenbiene (*Chelostoma rapunculi*) sowie die Gewöhnliche Löcherbiene (*Heriades truncorum*). Diese Arten bevorzugen diesen Durchmesser. Der rechte Block (5,6 × 22 × 12 cm) enthält Bohrungen von 8 mm Durchmesser für die Gehörnte Mauerbiene (*Osmia cornuta*). Die Weibchen dieser Art erzeugen dann große und auch mehr Weibchen als Männchen, wenn sie solche Hohlräume zur Verfügung haben. Je unterschiedlicher demnach die von uns hergestellten Bohrungen in Holz sind, desto mehr Arten können wir damit anlocken und fördern.

Für eine weitere Art von Nisthilfen benötigen wir abgelagertes, entrindetes Hartholz (z. B. Esche, Buche, Eiche), das keinesfalls mit Holzschutzmitteln behandelt sein darf. Nadelholz (Fichte, Tanne, Kiefer) ist nicht geeignet, da sich dessen Fasern nach dem Bohren bei Feuchtigkeit wieder aufrichten, die Bienen aber glatte Öffnungen und Innenwandungen bevorzugen. Größe und Form des Nistblocks sind unerheblich. Ziegelsteingroße Hartholzreste (von einer Schreinerei oder einer Stielfabrik) eignen sich am besten. Zur Not sind auch dicke, entrindete und trockene Stammstücke möglich. In das Holz werden Gänge von 2–10 mm Durchmesser und 5–10 cm Tiefe gebohrt.

Ganz wichtig ist es, in das Längsholz und nicht in das Stirnholz (Hirnholz) zu bohren, also nicht dort, wo man die kreisförmigen Jahresringe sieht, sondern quer dazu – dort, wo ursprünglich die Rinde war!

Man kann unterschiedlich weite Bohrungen in einem Holzstück kombinieren, doch sollten Bohrweiten von 3–6 mm überwiegen. 8–9 mm sind für die Gehörnte Mauerbiene, 8–10 mm für die Asiatische Mörtelbiene attraktiv. Man kann natürlich auch für jeden Holzblock nur einen bestimmten Durchmesser vorsehen. Das erleichtert später die Reinigungsarbeiten. Die Länge des Ganges richtet sich nach der Länge des Bohrers: Enge Bohrungen sind folglich kürzer, weite Bohrungen länger, reichen also tiefer ins Holz hinein. Die einzelnen Arten wählen dann die ihrer eigenen Größe (Kopfbreite) entsprechenden Bohrgänge zum Nestbau aus (siehe Angaben auf S. 123). Wenn bestimmte Arten die Nisthilfen nicht besiedeln, kann dies daran liegen, dass der von ihnen bevorzugte Durchmesser nicht vorhanden ist.

Die Holzoberfläche wird nach dem Bohren mit feinem Sandpapier geglättet, damit die Nesteingänge nicht durch querstehende Fasern versperrt werden. Gegebenenfalls sollte man nochmals leicht nachbohren.

Profis verwenden einen Bohrständer und Schwingschleifer. Leider wird gerade das Abschleifen allzu oft vernachlässigt. Das Bohrmehl wird herausgeklopft. Treibt man Bohrlöcher mit ≥ 6 mm Durchmesser in Buchenholz, kommt es durch Witterungseinflüsse oft zu Rissen (vor allem dann, wenn man ins Stirnholz gebohrt hat). Gespaltene Gänge werden aber von den Bienen kaum angenommen, weil hier die Gefahr einer Parasitierung viel höher ist. Wer also Buchenholz verwendet, sollte diese Bohrungen nicht zu dicht (Abstand 1 cm) anordnen. Bei Durchmessern von 2–4 mm können die Gänge auch etwas dichter ne-

So glatt wie bei dieser käuflichen Nisthilfe (Manfred Frey, 7,5 × 14 × 8 cm) aus Buchenholz sollten die Bohrungen bei allen Durchmessern (hier 4–8 mm) sein. Gut getrocknetes Eschen- oder Buchenholz eignet sich am besten. Gute Bohrer, Sandpapier und sorgfältiges Arbeiten sind die Voraussetzungen für eine gute Besiedlung. Nie vergessen, ins Längsholz zu bohren (Maserung beachten)!

beneinander gesetzt werden (siehe auch die Nisthilfenanlage auf S. 116).

Die bisher beschriebenen Nisthilfen sollten an einem besonnten Platz angebracht werden, z. B. an der Hauswand, der Pergola oder dem Carport, einer Mauer, einem Zaunpfahl oder der Balkonbrüstung, und zwar so, dass die Gänge waagrecht orientiert und für die Bienen frei zugänglich sind. Südost- bis südwestexponierte Orte eignen sich am besten, reine Nordexpositionen sind dagegen ungünstig. Die Nisthilfe darf nicht frei hin und her baumeln. Wählt man einen Baum als Anbringungsort, darf sie nicht im Blattwerk oder an einem Ast aufgehängt werden, sondern am besten unmittelbar am Stamm unterhalb der Baumkrone. Holzstücke, die länger als 1 m sind, kann man auch frei im Garten senkrecht und mit einem ausreichenden Abstand vom Boden (Feuchtigkeit!) aufstellen.

Wir sollten uns stets am Verhalten der Bienen bei ihrer Suche nach Nistgelegenheiten orientieren. Findet man alle Gänge mit gleichem Durchmesser belegt, sollte man die Nistgelegenheiten entsprechend erweitern. Ferner ist zu beachten, dass einige Arten (u. a. der Gattungen *Hylaeus*, *Osmia*, *Megachile*) erst im Laufe des Sommers erscheinen. Diese sollten dann auch noch Nistmöglichkeiten vorfinden. Die Nisthilfen werden bei ungünstiger Witterung und bei Nacht auch als Unterschlupf aufgesucht, selbst von bodennistenden Arten (z. B. von den Männchen der Frühlings-Pelzbiene *Anthophora plumipes*). Alte Nestgänge, aus denen die Brut bereits geschlüpft ist, werden von den Weibchen einiger Arten wie der Hahnenfuß-Scherenbiene (*Chelostoma florisomne*) und der Gewöhnlichen Löcherbiene (*Heriades truncorum*) vor einer Neubelegung oft selbst gesäubert. Die Natterkopf-Mauerbiene (*Osmia adunca*) nutzt bevorzugt sogar alte Nestgänge.

Links: Die Rostrote Mauerbiene (*Osmia bicornis*) besiedelt besonders gern die hier beschriebenen Nisthilfen. Rechts: Von innen aufgebissener Verschluss eines vorjährigen Nests der Gehörnten Mauerbiene nach dem Schlüpfen der Insassen. Die beigen Flecken auf dem Holz sind der angetrocknete, gleich nach dem Schlüpfen entleerte Darminhalt.

Nachdem das zuerst schlüpfende Tier den Nestverschluss von innen aufgenagt hat, verlassen nacheinander alle Insassen das Nest. Meist schlüpfen zuerst die Männchen, die sich in den zuletzt gebauten und deshalb vorderen Zellen entwickelt haben (innere Uhr!). Für die später erscheinenden Weibchen ist damit Platz geschaffen. Zurück bleiben in den Gängen die Reste der Zellzwischenwände (Lehm) und der Kokons sowie der Larvenkot. Für die Gehörnte und die Rostrote Mauerbiene gilt jedoch, dass sie nur sehr selten solche Reste eines alten Nestes entfernen. Will man diese Arten fördern, muss man entweder die verlassenen Niströhren mit einem Bohrer mit entsprechendem Durchmesser selbst reinigen oder neue Nistmöglichkeiten anbieten. Ich erledige diese Arbeit während des Winters. Bei Nestern, bei denen der Nestverschluss beim Schlüpfen vollständig beseitigt wurde, leuchte ich mit einer Taschenlampe in die Gänge, damit ich sehen kann, ob sich im Innern nicht doch noch eine besiedelte Zelle befindet. Erkennen kann man dies an einer unversehrten Querwand in der Tiefe des Ganges. Solch ein Gang bleibt natürlich von einer Reinigung verschont. Nach der Bearbeitung der anderen Gänge reinigt man den Nistblock von den alten Nestresten, indem man ihn mit den Öffnungen nach unten nicht zu fest auf eine harte Unterlage klopft, damit der ganze Inhalt herausfallen kann. Eine genaue Beobachtung und eventuelle Markierung der besiedelten bzw. nicht mehr genutzten Nester ist also immer wichtig. Einmal Nisthilfen bereitstellen und sich dann nicht mehr darum kümmern, das ist keine gute Lösung. In verlassenen Nestern siedelt sich übrigens gern der von Nahrungsresten und abgestorbenen Bienen lebende Sechspunkt-Diebskäfer (*Ptinus sexpunctatus*) an.

Die Nisthilfen bleiben immer unter Außentemperaturen im Freien. In der Wärme der Wohnung würden die Bienen vorzeitig schlüpfen und zugrundegehen.

Strangfalzziegel und Niststeine

In den Hohlräumen sogenannter Strangfalzziegel, wie sie früher weit verbreitet waren und heute nur noch selten verwendet werden, nisten die Rostrote Mauerbiene (*Osmia bicornis*), die Gehörnte Mauerbiene (*Osmia cornuta*), die Natterkopf-Mauerbiene (*Osmia adunca*) oder die eine oder andere Blattschneiderbiene (*Megachile*). Solche Ziegel können in einer Trockenmauer untergebracht oder einfach aufeinander gestapelt werden. Der Strangfalzziegel „Profil" der Fa. CREATON GmbH Wertingen hat nach einer Design-Änderung fünf ovale und vier runde Öffnungen, wobei die runden nur noch 5 mm Durchmesser haben (früher 6 oder 8 mm). Sowohl die ovalen als auch die runden Hohlräume werden von *Osmia cornuta* besiedelt, allerdings nur von kleineren Weibchen. Strangfalzziegel bezieht man am besten über einen Dachdeckerbetrieb oder den Baustoffhandel. Die Öffnungen sind oft durch den Brennvorgang etwas verengt. Man kann sie aber mit einem Steinbohrer entsprechender Größe erweitern. Da die Ziegel recht lang sind, verdoppele ich die Zahl der Hohlräume, indem ich den Ziegel in der Mitte auf eine Betonkante schlage oder mit einem Winkelschleifer trenne. Allerdings darf man nicht vergessen, die offenen Hinterenden z. B. mit Polsterwolle oder Watte zu verschließen. Da der ältere Ziegeltyp nicht mehr gehandelt wird, besteht vielleicht die Möglichkeit, Restbestände zu nutzen, die z. B. beim Abbruch eines alten Gebäudes anfallen.

Ein Stapel alter Strangfalzziegel wurde in eine Nistanlage integriert und ist von Mauerbienen gut besiedelt.

Ein Weibchen der Rostroten Mauerbiene (*Osmia bicornis*, oben) und der Gehörnten Mauerbiene (*Osmia cornuta*, unten) beim Bau des Nestverschlusses in einem alten Strangfalzziegel. Hebt man im Garten mit dem Spaten einen Rasenblock aus und befeuchtet die Stelle bei Trockenheit, kann man aus nächster Nähe beobachten, wo und wie die Mauerbienen ihr Baumaterial gewinnen.

Eine bessere Alternative ist der im Handel erhältliche „Bienenstein" (Volker Fockenberg) aus gebranntem Ton, der sich zur Ansiedlung von einigen Hohlraumbesiedlern bewährt hat.

Mit Lehm verschlossene ovale Gänge in einem neueren Strangfalzziegel.

Hohlräume mit Einblick

Acrylglasröhrchen oder Glasröhrchen ermöglichen zwar einen Blick in das Nistgeschehen, doch sind sie als Nisthilfen abzulehnen, da sie luftundurchlässig sind und das sich bildende Kondenswasser den Nahrungsvorrat in den Brutzellen leicht verpilzen lässt (S. 147). Besser sind im Handel erhältliche Produkte mit Hohlräumen, die nur auf einer Seite eine Kunststoffplatte bzw. -folie für die Kontrolle der Besiedlung und der Beobachtung haben.

Beobachtungskasten „Spion XL" mit wechselbarem Einschub. Die unterschiedlichen Durchmesser der mit einer Acrylglasplatte abgedeckten 24 Gänge ermöglichen verschieden großen Bienen- und Wespenarten den Nestbau. Reinigen lassen sich die Gänge nur bei pflanzlichem und mineralischem Baumaterial, nicht jedoch bei Harz.

Nest einer Mauerbiene in einem Beobachtungskasten.

Beobachtungshilfe für Mauerbienen und Grabwespen: Die dichtschließenden MDF-Holzfaser-Nistplatten mit beschreibbarer Abdeckfolie auf Gängen mit 8 mm Durchmesser ermöglichen eine störungsfreie Kontrolle und Beobachtung der Brutaktivität. Sie müssen in einem Wildbienenstand vor Nässe gut geschützt untergebracht werden. Nach dem Schlüpfen der Brut können sie gereinigt und wiederverwendet werden.

Hohlraumbesiedler in Gärten

Nachfolgend sind typische Hohlraumbesiedler verschiedener Nisthilfentypen mit den bevorzugten Durchmessern der Gänge in mm aufgelistet (Schilfhalme, Bambusröhrchen, Bohrungen in Holz, Strangfalzziegel, Beobachtungshilfen).

Anthidium manicatum: ≥10 mm (nur sehr vereinzelt in Nisthilfen)
Anthidium nanum: 4–6 mm (nur selten im Siedlungsraum)
Chelostoma campanularum: 2 mm
Chelostoma distinctum: 2 mm
Chelostoma florisomne: 3,5–4 mm
Chelostoma rapunculi: 3,5–4 mm
Colletes daviesanus: 4–8 mm (nur sehr vereinzelt)
Hylaeus communis und weitere *Hylaeus*-Arten: 3–4 mm
Heriades truncorum: 3–3,5 mm
Heriades crenulata: 3–3,5 mm
Megachile centuncularis: 5 mm
Megachile ericetorum: 6–8 mm (nicht häufig in Nisthilfen)
Megachile rotundata: 5–6 mm
Megachile sculpturalis: 8–10 mm (bisher nur im Süden Deutschlands)
Megachile versicolor: 5 mm
Megachile willughbiella: 6 mm
Osmia adunca: 5–6 mm
Osmia bicornis: 5–7 mm
Osmia brevicornis: 5–6 mm (nicht häufig in Nisthilfen)
Osmia caerulescens: 4–5 mm
Osmia cornuta: 7–9 mm
Osmia leaiana: 5 mm (nicht häufig in Nisthilfen)
Osmia niveata: 5 mm (nicht häufig in Nisthilfen)

Zur Klarstellung: Die hier gezeigten Nisthilfen für Hohlraumbewohner sind kein geeignetes Mittel, dem vieldiskutierten „Insektensterben" oder dem sogenannten „Bienensterben" entgegenzuwirken, wie verschiedentlich behauptet wird. Dies gilt auch für den Fall, dass einmal eine weniger häufige Art darin nisten sollte. Denn sie helfen nicht den durch den Verlust ihrer Lebensräume gefährdeten Arten. Solche Nisthilfen sind aber dennoch empfehlenswert, denn sie sind eine sehr gute Möglichkeit, eine ganze Reihe von Hautflüglern und ihre Lebensweisen kennenzulernen und zu beobachten und daher auch als Lehrmittel für den Biologieunterricht geeignet. Selbst die Beobachtung des Baus und der Verproviantierung eines Nestes einer häufigen Art wie der Rostroten Mauerbiene kann ungemein spannend und sehr motivierend sein, sich selbst für den Schutz der Arten und ihrer Lebensgrundlagen zu engagieren.

Bestimmung der Nestverschlüsse der häufigsten Arten

Wenn ein Nest in einer Nisthilfe für Bewohner von Bohrungen in Holz oder anderen röhrenförmigen Hohlräumen (Bambusröhrchen, Schilfhalme) fertiggestellt ist, wird man keine Nestbauaktivitäten mehr beobachten können und somit auch nicht anhand des Bienenweibchens feststellen können, um welche Art es sich handelt. Dies gilt erst recht für die Herbst- und Wintermonate, wenn man die Nester kontrolliert und wissen will, von wem denn nun eigentlich die verschiedenen Nester stammen. Da außer Wildbienen fast immer auch andere Stechimmen an den Nisthilfen auftreten und diese ebenfalls bestimmte Baumaterialien verwenden, soll der folgende Bestimmungsschlüssel helfen, die Nestverschlüsse den häufigsten an Nisthilfen auftretenden Arten zuzuordnen.

Vorgehensweise: Schritt für Schritt wird ein Merkmal nach dem anderen geprüft, bis die gesuchte Art bzw. Hautflügler-Gruppe gefunden ist. → 2 bedeutet: weiter bei der angegebenen Zahl. Zu den jeweiligen Aussagen gibt es zwei mögliche Antworten (Alternativen, z.B. 1 und –), nach denen zu weiteren Aussagen verzweigt wird (sogenannter „dichotomer Schlüssel"). Man fährt so lange fort, bis keine Auswahl mehr möglich ist und man das Bestimmungsergebnis hat. In einigen Fällen sind die Nummern der Abbildungen verschiedener Nestverschlüsse auf den nächsten beiden Seiten genannt. Zu beachten sind nicht nur das Baumaterial und das Aussehen des Nestverschlusses, sondern auch, welcher Durchmesser der Gang hat, in dem sich das Nest befindet. Einen informativen Ratgeber über Hohlraumbesiedler liefert auch das Thünen-Institut für Biodiversität.

1 Nestverschluss aus einem dünnen oder dickeren Häutchen bestehend → **2**

– Nestverschluss aus anderem Material → **3**

2 Nestverschluss aus einem transparenten, dünnen (cellophanartigen) Häutchen: *Hylaeus* (Maskenbienen) (Abb. 1)

– Nestverschluss aus einem dicken, seidigen Häutchen bestehend, ähnlich dem Material eines Spinnenkokons. Manchmal schließt der Nestverschluss nicht vollständig ab oder er wird im Innern des Hohlraums gebaut: *Psenulus fuscipennis* (Grabwespenart) (Abb. 14)

3 Nestverschluss ausschließlich aus pflanzlichem Material, aber nicht aus Harz → **4**

– Nestverschluss aus mineralischem Material oder Harz → **6**

4 Nestverschluss aus herausragenden, meist dürren, selten grünen Grasblättchen *Isodontia mexicana* (Stahlblauer Grillenjäger) (Abb. 15)

– Nestverschluss aus anderem pflanzlichem Material → **5**

5 Nestverschluss aus Pflanzenmörtel (zerkaute Blattstückchen), frisch grün, später dunkelbraun bis schwarz, Durchmesser 5–6 mm: *Osmia caerulescens*, *Osmia leaiana*, *Osmia niveata*, *Osmia brevicornis* (Mauerbienen). Nestverschluss bei *O. brevicornis* ca. 5–10 mm vom Eingang entfernt (Abb. 2, Abb. 3)

– Nestverschluss aus rundlichen Blattstückchen meist von grünen Laubblättern: *Megachile* (Blattschneiderbienen); in seltenen Fällen auch von roten oder gelben Blüten: *Megachile rotundata* (Abb. 4)

6 Nestverschluss aus sandigem oder lehmigem Mörtel → **7**

– Nestverschluss aus Harz → **11**

7 Nestverschluss enthält außer Sand oder Lehm noch weitere sichtbare Beimengungen → **8**

– Nestverschluss ohne Beimengungen → **9**

8 In den noch weichen Nestverschluss werden kleine Steinchen (Quarzkörnchen) gesetzt; der Verschluss wird nach dem Trocknen steinhart und sieht im Herbst vermutlich durch Verpilzung ringsum wie verschmutzt aus (Abb. 6); Durchmesser 3,5–4 mm:
Bauzeit Mai bis Juni: *Chelostoma florisomne* (Hahnenfuß-Scherenbiene) (Abb. 5)
Bauzeit Juni bis August: *Chelostoma rapunculi* (Glockenblumen-Scherenbiene) (Abb. 6)

– Auf den Nestverschluss wird eine Schicht aus feinem, meist grauem bis gelblichem Material aufgetragen, das von verwittertem Holz aus der unmittelbaren Umgebung abgeschabt wird: *Osmia adunca* (Natterkopf-Mauerbiene) (Abb. 10a, 10b)

9 Mörtel um den Nesteingang herum glatt verschmiert, der runde Nesteingang ist kaum oder nicht mehr zu erkennen: solitäre Faltenwespen.
Durchmesser 6 mm: *Ancistrocerus antilope* und *Euodynerus quadrifasciatus*

– Mörtel um den Nesteingang herum nicht wie verputzt → **10**

10 Nestverschluss sehr locker, grob, rauh und nicht steinhart werdend:
Bauzeit März/April: *Osmia cornuta* (Gehörnte Mauerbiene) (Abb. 7)
Bauzeit April/Mai: *Osmia bicornis* (Rostrote Mauerbiene) (Abb. 8)
Bauzeit Juni bis August: *Megachile ericetorum* (Platterbsen-Mörtelbiene) (Abb. 11)
Durchmesser 8–10 mm: *Megachile sculpturalis* (Asiatische Mörtelbiene) (Abb. 9a)

– Nestverschluss feiner und glatter: Gangdurchmesser 3–5 mm: Grabwespe *Trypoylon* und solitäre Faltenwespen *Anicstrocerus nigricornis*, *Symmorphus mutinensis*, *Microdynerus nugdunensis*, *Microdynerus timidus* (Abb. 16)

11 Um den Nesteingang ein „Ring" aus Harztröpfchen, Nestverschluss aus weißlichem bis gelblichem Harz
Passaloecus eremita (Grabwespenart) (Abb. 12)
Gangdurchmesser 8–10 mm: Neben dem mineralischen Mörtel noch Reste von Harz sichtbar: *Megachile sculpturalis* (Asiatische Mörtelbiene) (Abb. 9b)

– Nestverschluss mit Beimengungen in Form von Bohrmehl oder anderen Holzpartikeln oder kleinen Steinchen: *Heriades truncorum* (Gewöhnliche Löcherbiene), *Heriades crenulata* (Gekerbte Löcherbiene), *Passaloecus corniger* und *Passaloecus gracilis* (Grabwespen) (Abb. 13a, 13b)

- Kein Nestverschluss, sondern längliche Brutzellen aus mineralischem Mörtel mit charakteristischer Struktur in allerlei Hohlräumen (auch in Fensterrahmen): *Auplopus carbonarius* (Köhler-Wegwespe) (Abb. 17)
- Einem Wattebausch ähnliche Gebilde aus Pflanzenhaaren mit aufgetragenen Drüsensekreten (orangerote Pünktchen), in Hohlräumen (regelmäßig in Fensterrahmen): *Anthidium manicatum* (Garten-Wollbiene) (Abb. 18); selten auch *Anthidium oblongatum* (Spalten-Wollbiene).
- In Gebäuden findet man manchmal zylinderförmige, ca. 2 cm lange Gebilde aus Lehm, die vor allem an Buchrücken, aber auch in den Falten von Vorhängen oder in Hohlräumen gebaut wurden. Dabei handelt es sich um Brutzellen der Orientalischen Mauerwespe (*Sceliphron curvatum*), einer östlichen Art, die sich in Mitteleuropa seit einigen Jahren stark ausbreitet (Abb. 19).

Bilder von Nestverschlüssen häufiger Arten

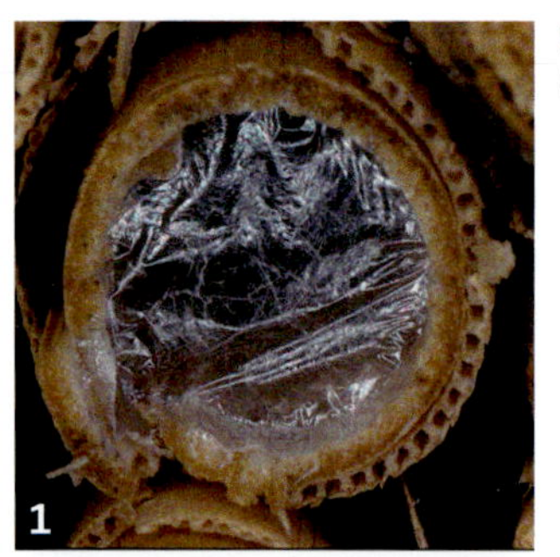

1 Gewöhnliche Maskenbiene (*Hylaeus communis*).

5 Hahnenfuß-Scherenbiene (*Chelostoma florisomne*).

6 Glockenblumen-Scherenbiene (*Chelostoma rapunculi*).

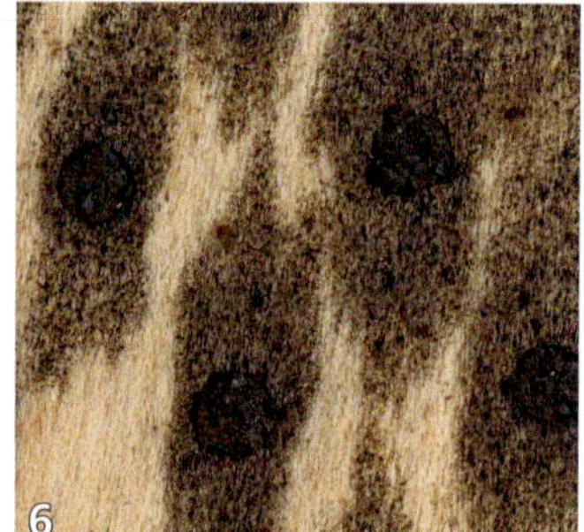

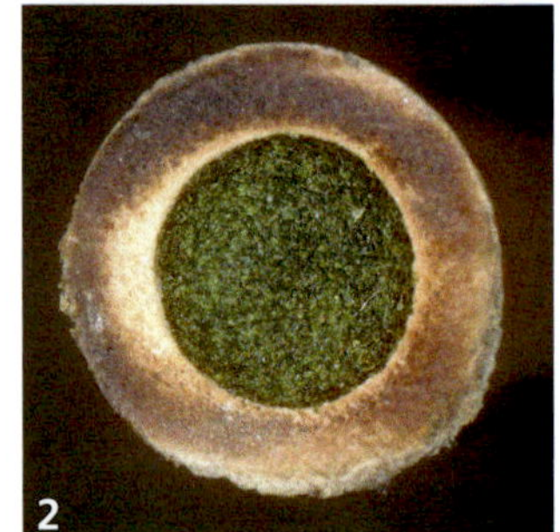

2 Distel-Mauerbiene (*Osmia leaiana*)
Sehr ähnlich: *Osmia niveata*.

7 Gehörnte Mauerbiene (*Osmia cornuta*).

8 Gehörnte Mauerbiene (*Osmia bicornis*).

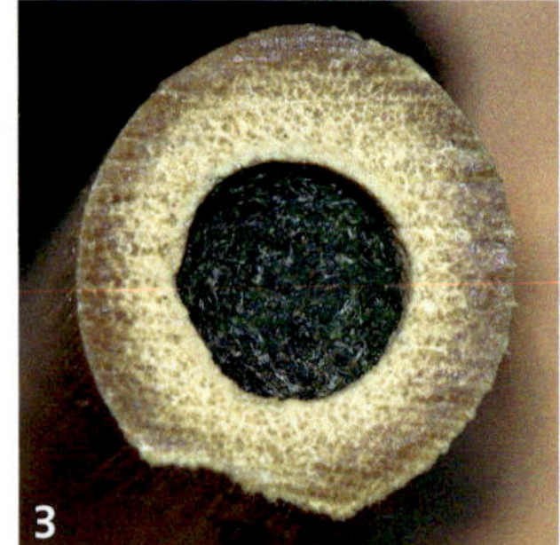

3 Schöterich-Mauerbiene (*Osmia brevicornis*).

9a und **9b** Asiatische Mörtelbiene (*Megachile sculpturalis*).

4 Luzerne-Blattschneiderbiene (*Megachile rotundata*).

10a und **10b** Natterkopf-Mauerbiene (*Osmia adunca*).

11 Platterbsen-Mörtelbiene (*Megachile ericetorum*).

12 Grabwespenart (*Passaloecus eremita*).

13b

13a, **13b** Gewöhnliche Löcherbiene (*Heriades truncorum*).

14 Grabwespenart (*Psenulus fuscipennis*).

15 Stahlblauer Grillenjäger (*Isodontia mexicana*).

16 Grabwespenart (*Trypoxylon figulus*), Brutzelle mit gelähmten Spinnen und Ei (Pfeil).

17 Köhler-Wegwespe (*Auplopus carbonarius*).

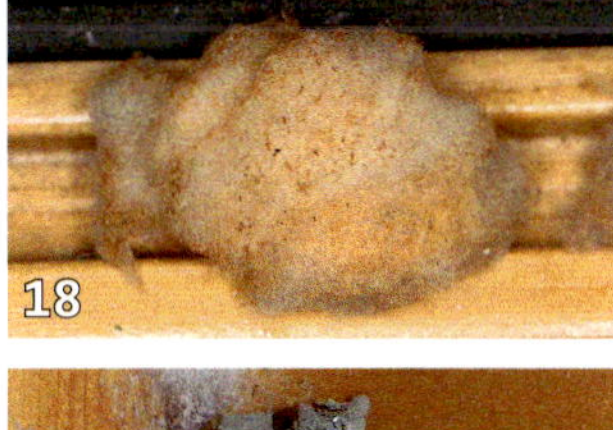

18 Garten-Wollbiene (*Anthidium manicatum*).

19 Orientalische Mauerwespe (*Sceliphron curvatum*).

Nisthilfen für Bewohner von festem und morschem Totholz

Manche Wildbienenarten nagen ihre Nestgänge für die Aufnahme der Brutzellen ausschließlich in totem Holz. In Parks und Friedhöfen ist der dort oft vorhandene Altbaumbestand von hoher Bedeutung. Vor allem die weißfaulen Äste verschiedener Laubhölzer sind hervorragende Nistgelegenheiten für Morschholzbewohner. Leider wird wegen der Gefahr herabstürzender Äste der Altholzbestand regelmäßig dezimiert. Das bei Baumsanierungen anfallende Holz sollte aber nicht verbrannt, sondern an einer geschützten und von der Sonne beschienenen Stelle mehrere Jahre offen gelagert werden. Dies gilt auch für Baumsanierungen in Streuobstwiesen.

Sofern holzbewohnende Wildbienen in der Umgebung unseres Gartens vorkommen, können wir sie anlocken, indem größere morsche Holzklötze, 1–2 m lange Stammstücke oder dickere Äste einzeln aufgestellt oder zu einem Stapel aufgeschichtet werden. Dabei ist Folgendes zu beachten: Für die Besiedlung spielen nicht nur die Art des Holzes (Laubholz, Nadelholz), sondern auch das Abbaustadium und damit die Festigkeit eine große Rolle. Beispiele für die Nutzung von festem Totholz und weniger festem Morschholz finden sich auf den folgenden Seiten. Sehr weiches Moderholz und pulvriges Mulmholz werden von Wildbienen nicht besiedelt.

Abgestorbener Apfelbaum in einer Streuobstwiese (Rheinebene), von Holzbienen (*Xylocopa violacea*) besiedelt.

Vom Sturm geknickter Stamm einer Tanne (Schwarzwald).

Blauschwarze Holzbiene (*Xylocopa violacea*): Männchen beim Sonnen (oben); Weibchen beim Anflug an den Niststamm (Mitte) und Ausnagen eines Nestganges (unten). In dem rechten Stamm auf S. 116 nisteten drei Weibchen.

Oben: Eingang zu einem Nest der Holzbiene. Mitte: Drei von insgesamt sechs Brutzellen in dem Nest, das in dem Pfahl darüber angelegt war. In den Brutzellen liegen die noch jungen Larven auf dem Futterbrei. Die Zwischenwände sind aus Holzpartikeln gebaut. Unten: Puppe, die der adulten Holzbiene bis auf deren blauschwarze Färbung bereits sehr ähnelt.

Weibchen der Blauschwarzen Holzbiene beim Blütenbesuch.

Nistplätze allein genügen nicht, seien sie auch noch so artgerecht. Große und über mehrere Monate aktive Wildbienen wie die Blauschwarze Holzbiene (oben) und die sich ausbreitende Große Holzbiene (*Xylocopa valga*) brauchen ein besonders gutes Nahrungsangebot. Sehr beliebt bei diesen auffälligen Arten, die die Größe einer Hummelkönigin haben, ist die Breitblättrige Platterbse oder Staudenwicke (*Lathyrus latifolius*).

Man kann Holzbienen nicht nur durch geeignete Pollenquellen in den eigenen Garten locken, sondern auch durch das Aufstellen von abgestorbenem, aber noch ziemlich festem Laubholz (Pappel, Weide, Apfel). Ist das Nistsubstrat ausreichend groß, können gleichzeitig mehrere Weibchen darin nisten.

Nutzer einer Streuobstwiese sollten wissen: Dicke, abgestorbene Äste und erst recht ein ganzer abgestorbener Baum sind für viele Jahre ein hervorragener Kleinlebensraum nicht nur für Spechte und deren Nachmieter, sondern auch für viele Insektenarten. Im Falle einer notwendigen Rodung sollte wenigstens ein Teil des Stammes oder ein größerer Strunk stehenbleiben. Anfallendes morsches Holz sollte nicht verbrannt, sondern an einer nicht zu schattigen Stelle gelagert werden, damit sich die darin befindliche Bienenbrut noch voll entwickeln und schlüpfen kann. Stammholz und starke Äste können natürlich auch gezielt zu einem Holzstapel aufgeschichtet werden und bis zur völligen Verrottung für viele Jahre als Nistplatz dienen.

Dieses Morschholzstück wurde trotz seiner geringen Größe (80 cm hoch) besiedelt.

In dem Holzstück nisten die Wald-Pelzbiene (*Anthophora furcata*, oben) und eine solitäre Faltenwespenart (*Discoelius dufourii*, Mitte), die die Gänge selbst ausnagen. Einen bereits verlassenen Gang nutzt die Garten-Wollbiene (*Anthidium manicatum*, unten).

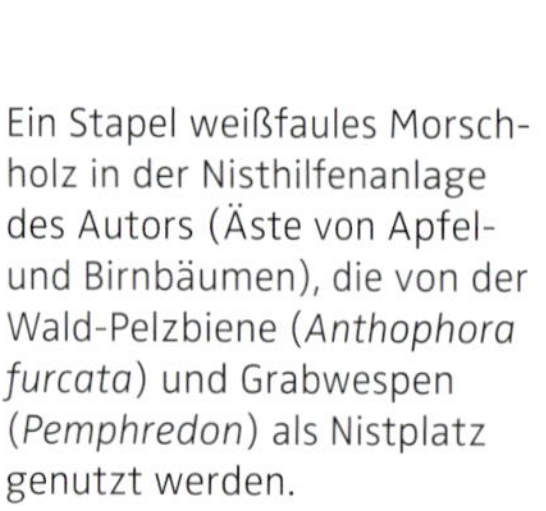

Ein Stapel weißfaules Morschholz in der Nisthilfenanlage des Autors (Äste von Apfel- und Birnbäumen), die von der Wald-Pelzbiene (*Anthophora furcata*) und Grabwespen (*Pemphredon*) als Nistplatz genutzt werden.

Nachdem diese Fichtenstämme mehrere Jahre lang der Witterung ausgesetzt waren, wurden sie von der Schwarzbauchigen Blattschneiderbiene (*Megachile nigriventris*) besiedelt. Das mit den Oberkiefern losgenagte und herausgeschaffte rötliche Holzmehl liegt unter dem Nesteingang (Pfeil). Dieser befindet sich in einer Spalte und wurde von mehreren Weibchen gleichzeitig genutzt, die aber im Innern jeweils ihre eigenen Brutzellen anlegten. In dem Bildausschnitt unten links landet ein Weibchen mit einem Blattstück.

In diesem runden, teilweise morschen Balken (Pfeil) nistet *Megachile nigriventris*. Das kleinere Foto zeigt den Spalt, der den Zugang zum morschen Inneren ermöglicht. Leider werden dann, wenn die morschen Balken von Pergolen oder Balkonen ersetzt werden, in der Regel auch die Nester zerstört. Im Falle einer Besiedlung sollten die Balken nicht zur Abfallverwertung gebracht oder verbrannt, sondern bis zum Schlüpfen der nächsten Brut an einer geeigneten Stelle gelagert werden (vielleicht sogar im eigenen Garten).

In einem Hausgarten wurde die schon teilweise morsche Tischplatte von vier Weibchen der Schwarzbauchigen Blattschneiderbiene als Nistplatz genutzt. Der Pfeil weist auf den gemeinsam genutzten Nesteingang hin.

Nisthilfen für Bewohner markhaltiger Stängel

Einige Wildbienen verwenden zum Nisten ausschließlich abgebrochene oder abgeschnittene markhaltige, dürre Ranken von Brombeeren, seltener von Reben, oder Stängel von Himbeeren, Königskerzen, Disteln, Kugeldisteln, Kletten oder Beifuß. Solche Kleinlebensräume finden sich z.B. dort, wo sich Pionierpflanzen vorübergehend einstellen, oder auf Weinbergbrachen und an Waldrändern. Das Bild unten zeigt eine Böschung an einem Bahndamm, wo zahlreiche Königskerzen (*Verbascum*) blühen, fruchten, absterben und dürr werden. Erst dann sind sie als Nistmöglichkeit geeignet. Eine Bruch- oder Schnittstelle ermöglicht den Bienen sowie Grab- und Faltenwespen den Zugang zu dem weichen Pflanzenmark. Nur die verhältnismäßig große Dreizahn-Mauerbiene (*Osmia tridentata*) ist in der Lage, auch seitlich ein Loch in die verholzte Stängelwand zu nagen. Diese Art benötigt aufgrund ihrer Größe und der hohen Zahl an Brutzellen besonders dicke und besonders lange Stängel.

Königskerzengesellschaft auf einem Bahndamm.

Foto S. 133 links: An einem in den Boden geschlagenen Stab wurde eine ca. 15 mm dicke, dürre Ranke der Brombeere mit Bindedraht befestigt (Alternative: Kabelbinder). Durch einen Schnitt mit einer Rebschere wurde das Mark zugänglich gemacht. Ganz entscheidend ist die vertikale Orientierung des Stängels, da sich die Besiedler bei der Suche nach einem geeigneten Nistplatz bevorzugt an vertikalen Strukturen orientieren. Will man mehrere Ranken anbieten, spannt man zwei horizontale Drähte und befestigt daran die Nisthilfen im Abstand von 30–50 cm. **Gebündelte, waagrecht orientierte Stängel werden von den in diesem Abschnitt beschriebenen Arten nicht angenommen!**

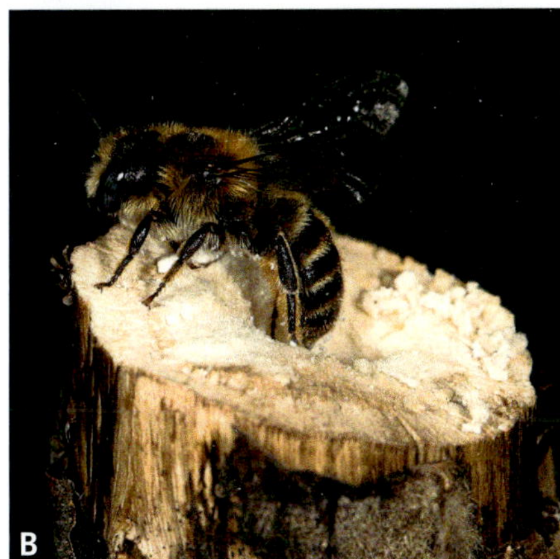

A: Mit den Oberkiefern und mit allen sechs Beinen befördert das Weibchen der Dreizahn-Mauerbiene (*Osmia tridentata*) die Markstückchen einer Königskerze aus dem engen Gang nach draußen. B: Weibchen auf dem Nesteingang. Hinter der Biene liegen bereits abgenagte und herausgeschaffte Markpartikel. C: Nach getaner Arbeit setzt sich das Weibchen in den Nesteingang, den es damit gleichzeitig bewacht. Weibchen, die noch keinen Nistplatz gefunden haben, versuchen nämlich gelegentlich, sich des Stängels zu bemächtigen. D: Zwei Brutzellen in einer Brombeerranke mit Larven und Pollenvorrat. Zwischenwände aus Pflanzenmörtel.

Wenn man bei verblühten und verholzten Königskerzen den Fruchtstand mit der Rebschere abschneidet oder dicke, dürre Brombeerranken kurzerhand kappt, schafft man auf einfache Weise geeignete Nistplätze. Allerdings müssen diese Nisthilfen, sofern sie besiedelt werden, bis zum nächsten Frühsommer an Ort und Stelle verbleiben, weil die nächste Generation erst im Jahr darauf schlüpft. Ein einmal besiedelter Stängel kann kein zweites Mal genutzt werden, da das Mark beim „Erstbezug" ausgehöhlt wurde.

A: Geöffnete Brombeerranke mit sechs Brutzellen der Schwarzspornigen Mauerbiene (*Osmia leucomelana*), in denen sich die Larven bereits in einem durchsichtigen Kokon eingesponnen haben. Diese Bienenart tritt in Gärten regelmäßig auf. B: Weibchen von *Osmia leucomelana* sammelt Pollen im Blütenstand der Kaukasus-Fetthenne (*Phedimus spurius*), einer auf Trockenmauern und in Steingärten häufig kultivierten Pflanze. C: Auch stängelbesiedelnde Bienen haben ihre Gegenspieler. Die Weißfleckige Düsterbiene (*Stelis ornatula*) schmarotzt bei *Osmia leucomelana*, deren Nesteingang hier gerade von einem *Stelis*-Weibchen inspiziert wird. D: Auch die blau schillernde Gewöhnliche Keulhornbiene (*Ceratina cyanea*) besiedelt ein weites Spektrum an Lebensräumen. Alljährlich nistet sie auch im Garten des Autors. E: Außer einigen Bienenarten bauen auch Grabwespen wie die blattlausjagende Art *Pemphredon lethifer* und die solitäre Faltenwespe *Gymnomerus laevipes* (nicht abgebildet) ihr Nest im Brombeermark.

Die ebenfalls in markhaltigen Stängeln nistende Schwarzglänzende Keulhornbiene (***Ceratina cucurbitina***) ist eine wärmeliebende Offenlandsart. Hier sammelt ein Weibchen Pollen an den winzigen Blütchen des Eisenkrauts (***Verbena officinalis***).

Nisthilfen für Steilwandbewohner

Die Steilwandbewohner lebten ursprünglich in den Auen der Wildflüsse, wo sie in Uferabbrüchen nisteten. In der vom Menschen genutzten Landschaft liefern sonnenbeschienene Steilwände in terrassierten Weinbergen (Kaiserstuhl, Bild unten) oder in aufgelassenen Sand- und Lehmgruben oder in Hohlwegen Ersatzlebensräume und günstige Nistgelegenheiten für grabende Arten. Für solchermaßen spezialisierte Arten haben die Nistmöglichkeiten in den letzten Jahrzehnten jedoch enorm abgenommen. Einige Arten sind schon vor langer Zeit in die menschlichen Siedlungen eingewandert, um hier ihre Nester in Gemäuern, die mit Kalkmörtel oder Lehm verfugt wurden, zu bauen (kleines Bild). Aber auch diese Nistplätze stehen durch moderne Bauweisen und die Verwendung von Zementmörtel kaum mehr zur Verfügung. Zwar ist ein adäquater Ersatz innerhalb der Städte und Dörfer nicht möglich, aber ein Garten bietet immerhin die Gelegenheit, wenigstens im kleinen Rahmen einige Pelz-, Seiden- und Schmalbienen zu fördern.

Von mehreren Wildbienenarten besiedelte Lösswand im Kaiserstuhl und alte Fachwerkscheune (kleines Bild).

Schon über 20 Jahre dienen diese mit Löss gefüllten Kästen im Garten des Autors als gut besiedelte Steilwandnisthilfe.

A: Die häufigste und am weitesten verbreitete Steilwand-Bienenart ist die Frühlings-Pelzbiene (*Anthophora plumipes*), hier ein Männchen mit den typischen langbehaarten Mittelbeinen (Weibchen siehe S. 182). B: Auch die Vierfleck-Pelzbiene (*Anthophora quadrimaculata*) nistet gerne in künstlichen Löss- und Lehmwänden. C: Eine in Steilwänden regelmäßig nistende Art ist die grün-metallisch schimmernde Mauer-Schmalbiene (*Lasioglossum nitidulum*), die auch gerne Mörtelfugen in Mauern besiedelt. D: Regelmäßig antreffen kann man auch die Buckel-Seidenbiene (*Colletes daviesanus*), die im Laufe der Jahre größere Bestände aufbauen kann.

Ein Pflanzkasten aus asbestfreien Zementfasern (Balkonkasten z. B. 60 × 17 × 17 cm) wird vollständig mit Löss möglichst in seiner natürlichen Sedimentstruktur gefüllt. Am besten ist es, ganze Stücke dieses Lockergesteins in der für den Kasten passenden Größe mit einem Spaten abzustechen und einzusetzen. In die Zwischenräume wird feuchtes Material gedrückt. Anstehender Löss ist deshalb am besten, weil die Sedimentstruktur durch Regen leicht gelöst und dann weggespült wird, wenn sie einmal zerstört ist. Man sollte Löss aber nur dort entnehmen, wo kein wertvoller Lebensraum beeinträchtigt wird und es einem erlaubt ist. Manchmal eignen sich Baustellen für eine Entnahme. In das Sediment werden mit einem Bohrer mehrere kurze Gänge von 5–8 mm Durchmesser gesetzt. Sie sind *nicht* für Hohlraumbesiedler gedacht, auch wenn sie von ihnen gelegentlich genutzt werden. Die dunklen Löcher üben nämlich eine magische Anziehungskraft auf grabende Wildbienenarten aus. Denn diese sollen ja angelockt werden, hineinkriechen und am Ende mit dem Graben ihres eigenen Nestganges beginnen. Mehrere solcher Kästen übereinandergestapelt ergeben eine Mini-Steilwand, die an einer südexponierten Stelle der Hauswand oder der Gartenmauer aufgestellt wird. Zum Schutz gegen Regen wird sie von oben zusätzlich abgedeckt. Da Löss nicht überall vorkommt, kann man notfalls als Ersatz sandigen Lehm mit nur geringem Tonanteil verwenden oder im Handel speziell für eine solche Nisthilfe angebotenes „Steilwandmehl".

Das Nistsubstrat sollte nicht nur standfest, sondern gleichzeitig auch nicht zu hart sein. Ein geeignetes Substrat lässt sich mit dem Fingernagel leicht abschaben (testen!).

Pflanzgefäße (Balkonkästen) aus Faserzement erhält man über Gartencenter, Baumärkte oder das Internet. An Stelle von Pflanzgefäßen kann man ersatzweise auch Hohlsteine (Pflanzsteine) aus Beton (50 × 25 × 20 cm oder 40 × 20 × 20 cm) befüllen. Wenn ein Bezug nicht möglich ist, kann man auch einen Kasten aus Massivholz bauen, der in etwa folgende Maße haben sollte: 40–60 cm Länge, 15–17 cm Höhe und mindestens 15–17 cm Tiefe.

Nisthilfen für im Erdboden nistende Arten

Man kann mit Sand gefüllte Pflanzgefäße aufstellen oder eine besonnte Stelle im Garten mit Steinen 60 cm hoch einfassen und ganz mit Sand füllen. Manche nennen solche Elemente neuerdings „Sandarien“. Es sind vor allem Grabwespen wie *Oxybelus bipuncatus*, *Oxybelus uniglumis*, *Cerceris rybyensis*, *Philanthus triangulum* und *Mellinus arvensis*, die ein solches Angebot rasch besiedeln. Im Falle der Wildbienen ist es nicht möglich vorherzusehen, ob und welche Arten das sandige Substrat annehmen. Bei größeren Flächen sind am ehesten die Seidenbienen *Colletes cunicularius* und *Colletes hederae* zu erwarten (S. 174–176). Besonders attraktiv sind solche Anlagen, wenn sie kleine Steilwände aufweisen, was in Sandkästen von Kindergärten und auf Beachvolleyballfeldern oft der Fall ist. Mir sind aber auch *Dasypoda hirtipes*, *Andrena bicolor*, *Andrena fulva*, *Andrena scotica*, *Halictus scabiosae*, *Lasioglossum leucozonium* und *Lasioglossum politum* als Besiedler solcher Sandflächen begegnet. Man sollte nicht enttäuscht sein, wenn das Angebot von den Wildbienen „ausgeschlagen“ wird, sie aber ohne unser Zutun unter dem Dachvorsprung des Hauses oder in einem Blumentopf auf der Terrasse oder dem Fenstersims nisten, weil ihnen dort Raumstruktur und Substrat eher zusagen. Viel geeigneter für Wildbienen sind 1–2 m hohe, 8–9 m lange und 2–3 m breite, nicht bepflanzte Hügel aus dem lokal anstehenden Rohboden, weil aufgrund von Struktur und unterschiedlichen Substraten mit einem deutlich höheren Spektrum an Besiedlern zu rechnen ist. Gewaschener Kies ist als Nistsubstrat im Übrigen nicht geeignet, da ihm jegliche Bindigkeit fehlt und die Grabgänge keine Standfestigkeit erhalten!

Ein mit großen Kieselsteinen stabilisierter Sandhaufen in einem Naturgarten, der schon im Jahr seiner Anlage von mehreren Arten von Grabwespen besiedelt wurde.

Ein mit Bruchsteinen umgrenzter Nistplatz aus lehmigem Sand, der zuerst von Grabwespen und seit dem zweiten Jahr auch von der Efeu-Seidenbiene (*Colletes hederae*) genutzt wurde.

Selbst kleine, sandgefüllte Pflanzschalen (links) sind für einige Hautflügler attraktiv. Besonders häufig nehmen Grabwespen wie die Fliegenspießwespe (*Oxybelus uniglumis*) (unten links) und die Zikaden-Grabwespe (*Gorytes laticinctus*) (unten rechts) diese Nistgelegenheiten an. Sie gehen auf Jagd und versorgen die Brut mit durch einen Stich gelähmten Fliegen oder Zikaden.

Das Bild links zeigt eine fast vegetationsfreie Lehmfläche vor einem Gebäude mit vorgezogenem Dach. Unmittelbar hinter den Bordsteinen befanden sich ca. 170 Nester der Breitköpfigen Schmalbiene (*Lasioglossum laticeps*) (dunkelbraune Erdhäufchen zeigen die Nesteingänge an). Das Foto rechts zeigt ein Weibchen dieser Schmalbiene nach der Rückkehr von einem Pollensammelflug.

Durchaus günstig sind auch Sand- und Lehmflächen unter breiten Dachvorsprüngen, weil sie hier vor Regen gut geschützt sind.

Vor allem in Sandgebieten kann auch eine Pflasterung von Wegen und Plätzen mit breiten Fugen als Nistplatz der Furchenbiene *Halictus rubicundus*, der Schmalbiene *Lasioglossum sexstrigatum* oder der Sandbiene *Andrena barbilabris* dienen. Auf jeden Fall sind alle Nestansammlungen, die uns bekannt werden, z.B. auf unbefestigen Gartenwegen, in Grünanlagen oder an Heckenrändern, zu erhalten, da es bei den Bodennistern aufgrund ihrer großen Ortstreue viele Jahre dauern kann, bis sich eine neue Nestansammlung entwickelt hat.

In Regionen mit Lehmböden treten keine typischen Sandbewohner auf. Sie stellen sich daher an künstlichen „Sandarien" erst gar nicht ein. Im Boden nistende Wildbienen kann man ohnehin am erfolgreichsten unterstützen, indem man ihre so unterschiedlichen Pollenquellen fördert und dabei auch die spezialisierten Arten berücksichtigt.

Auf dem linken Bild sind in den Pflasterfugen zwei Nesteingänge zu sehen. Sie stammen von der Knoten-Grabwespe (*Cerceris rybyensis*), die vor allem kleine Schmalbienen als Beutetiere jagt. Sie stört sich nicht daran, wenn die erbeuteten Bienchen mit Pollen vollbeladen sind, wie dies auf dem rechten Bild schön zu sehen ist. Das Grabwespen-Weibchen transportiert die Beute im Flug unter dem Körper. In der Brutzelle wird an eine der Bienen ein Ei gelegt. Die Larve wird nach und nach das gelähmte „Frischfutter" fressen.

Ein Männchen der Ackerhummel (***Bombus pascuorum***) auf einer Blüte des Drüsigen Springkrauts (*Impatiens balsamifera*).

Nisthilfen für Hummeln

Hummeln sind nicht zuletzt wegen ihrer wichtigen Rolle als Bestäuber gern gesehene Blütenbesucher. Die beste Förderung von Hummeln im Garten ist, ihnen vom Frühjahr bis zum Herbst hummelfreundliche Pflanzen anzubieten. Auch die Erhaltung natürlicher Nistplätze wie Trockenmauern aus Bruchsteinen, Baumhöhlen, Mäuselöcher und ungemähte Bereiche mit Grasbüscheln trägt im Naturgarten zum Hummelschutz bei. Wer sich ernsthaft mit ihnen befassen möchte, kann sie auch in Nistkästen beherbergen, was sehr reizvoll ist und vielerlei interessante Beobachtungen ermöglicht. Da es sich in der Regel um ungefährdete Arten handelt, steht nicht der Artenschutz im Vordergrund, sondern die Möglichkeit, die Lebensweise und das Verhalten sozialer Bienenarten näher kennenzulernen.

Wer Freude an Holzarbeiten hat, kann selbst einen geräumigen Hummelkasten bauen, der die Bedingungen nachahmt, wie sie in einem Kleinsäugerbau mit Gang, Nesthöhle und Nestmaterial herrschen. Diese Möglichkeit nutze ich wie viele Hummelfreunde auch seit langem und habe bisher folgende Hummelarten erfolgreich beherbergt:

Bombus hortorum (Gartenhummel)
Bombus hypnorum (Baumhummel)
Bombus lapidarius (Steinhummel)
Bombus lucorum, B. terrestris (Helle und Dunkle Erdhummel)
Bombus pascuorum (Ackerhummel)
Bombus pratorum (Wiesenhummel, Kleine Waldhummel)
Bombus sylvarum (Bunthummel).

Die bei obigen Hummelarten schmarotzenden Kuckuckshummeln (*Bombus sylvestris, Bombus norvegicus, Bombus rupestris*) traten hierbei immer wieder ebenfalls in Erscheinung.

Hummelnistkästen Marke Eigenbau oder käuflich

Gute und reich bebilderte Anleitungen zum Bau eines Hummelnistkastens liefern Hans-Jürgen Martin und Jan Gubisch (Internetadressen und Literatur im Serviceteil) sowie von Hagen & Aichhorn in ihrem Hummelbuch. Sie beschreiben auch verschiedene Methoden zur Verhinderung oder zumindest Reduzierung eines Befalls mit Wachsmotten. Wer keinen Hummelkasten selbst bauen will oder kann, muss nicht auf Hummeln verzichten, denn auch im Handel sind geeignete Kästen zu bekommen. So bietet die Firma Schwegler neben einem großen Sortiment an Vogelnistkästen auch bezugsfertige Hummelnistkästen für das oberirdische und das unterirdische Aufstellen an. Ersterer besteht aus Holzbeton, der sich durch eine bessere Wärmedämmung auszeichnet, jedoch mit 18,5 kg recht schwer ist. Mitgeliefert werden Polsterwolle, eine Einlaufröhre und Einstreu sowie eine ausführliche Beschreibung der An- und Umsiedlung, Haltung, Fütterung und Pflege der Hummeln. Er eignet sich gut zur Beobachtung der Entwicklung eines Hummelvolks, da er jederzeit geöffnet werden kann. Allerdings fehlt ein geeigneter Schutz gegen Wachsmotten. H.-J. Martin beschreibt, wie man bei diesem Hummelkasten durch einen Vorbau den Wachsmottenbefall verhindern und wie man ihn zum Aufstellen im öffentlichen Raum sichern kann. Schwegler bietet auch einen Nistkasten an, der in die Erde eingegraben wird. Feuchtigkeitsabweisende Nistwolle wird mitgeliefert. Hummelklappen gegen das Eindringen von Wachsmotten liefert auch Manfred Frey. Darüber hinaus gibt es noch weitere Anbieter, die in Gartenmärkten oder über das Internet nicht immer empfehlenswerte Hummelnistkästen vertreiben. Die mit einzelnen Produkten

Dass auch kleinere Nistkästen funktionieren, zeigt dieser Kasten eines Hummelfreundes mit zwei Einfluglöchern für zwei kleine Völkchen z. B. der Ackerhummel. Der Kasten wird nach der Reinigung und dem Herrichten im Innern (Streu, Polsterwolle) alljährlich besiedelt.

Hummelnistkasten mit Wachsmottenklappe (gebaut von Tilmann Sommerien).

Geöffneter selbstgebauter Hummelkasten des leicht veränderten Modells „Münden". Das Nest wird in dem kleineren Kasten im Innern, der die Polsterwolle enthält, angelegt. Normalerweise ist er mit dem danebenstehenden Deckel verschlossen. An der Front ist der Vorbau zu sehen, von dem aus die Eingangsröhre bis in den inneren Kasten verläuft. Der Vorbau enthält allerdings keinen Wachsmottenschutz.

gemachten Erfahrungen werden in einem speziellen Hummel-Forum ausführlich diskutiert. Auf dieser Plattform (Adresse im Serviceteil) werden auch viele weitere interessante Themen zu Hummeln behandelt.

Ob selbstgebaut oder gekauft: Der Nistkasten wird am besten Ende Februar/Anfang März aufgestellt, da zu dieser Zeit bereits die ersten Königinnen der Wiesenhummel (*Bombus pratorum*) aus ihrer Winterruhe erwachen. Wichtig: Der Kasten sollte ganztägig im Schatten stehen, um eine Überhitzung zu vermeiden, und für Beobachtungen gut einsehbar sein. Mit etwas Glück besiedelt ihn bald eine Hummelkönigin. Je größer der Mangel an natürlichen Niststätten ist, desto größer sind die Chancen einer Besiedlung ohne weiteres menschliches Zutun. Eine Gewähr gibt es aber nicht und Geduld ist ebenso gefordert. Eine andere Ansiedlungsmethode, das gezielte Fangen und Einsetzen einer Königin nämlich, wird von Eberhard von Hagen & Ambros Aichhorn sowie von Jan Gubisch beschrieben, erfordert aber ein sehr sorgfältiges Vorgehen und ist auch nicht immer erfolgreich. Außerdem ist die Methode aus naturschutzrechtlicher Sicht problematisch. Deshalb verzichte ich hier auf eine detaillierte Beschreibung. Übrigens sind die Nistkästen außer für Hummeln auch für Waldmäuse und ab Mai auch für die besonders geschützte Hornisse durchaus attraktiv.

Steht der Nistkasten ab März bereit und haben wir in der näheren Umgebung für ein vielfältiges Nahrungsangebot gesorgt, kann man einfach hoffen, dass eine Hummelkönigin den vorbereiteten Nistplatz entdeckt und darin ein Volk gründet. In meinem Garten war dies schon öfter der Fall, wenn Baumhummeln, aber auch Wiesenhummeln, Gartenhummeln und Ackerhummeln mein Angebot angenommen haben. Wenn man eine Königin auf Nistplatzsuche im Garten entdeckt (meist am Abend), hat man vielleicht das Glück, die Besiedlung selbst zu erleben. Wenn eine Hummel den Kasten inspiziert und durch das Flugloch ganz im Kasten verschwunden ist, wartet man in einiger Entfernung, bis die Königin wieder herauskommt. Nach 10–15 Minuten, manchmal auch erst nach einer halben Stunde, erscheint sie am Flugloch. Fliegt sie sofort ab, hat sie den Nistkasten nicht angenommen. Im anderen Falle dreht sie sich herum und verharrt im Stehflug einige Sekunden vor dem Flugloch. Dann fliegt sie unmittelbar vor dem Nistkasten nach links und nach rechts, um danach erst kleine, dann immer größere Kreise zu ziehen. Während dieses Orientierungsfluges prägt sie sich den Nistplatz genau ein. Uns zeigt dieses Verhalten an, dass sie den Nistkasten vermutlich annehmen wird. Oft schon nach einer halben Stunde, manchmal aber auch erst nach einigen Tagen, kommt die Hummelkönigin zurück und bezieht ihr Nest endgültig.

Erste Kontrollen sind in der Nestgründungsphase äußerst vorsichtig durchzuführen, um die Königin nicht wieder zu vertreiben. Anstatt den Kasten zu öffnen, reicht es oft aus, mit dem Ohr ganz dicht heranzugehen und vorsichtig daran zu klopfen. Befindet sich eine Königin darin, reagiert sie mit einem deutlichen Brummen. Die meisten in den Kästen nistenden Arten sind friedlich. Eine Ausnahme macht die Baumhummel. Sobald viele Arbeiterinnen geschlüpft sind, reagieren diese rasch auf Störungen, z. B. auf das Öffnen des Nistkastens, und versuchen, durch Stiche den Störenfried zu vertreiben. Als Objekt für die Naturerziehung in der Schule ist diese Hummelart daher nicht geeignet. Wer sie im Garten beherbergt, sollte sich bei Nistkastenkontrollen mit einer Jacke und mit Imkerhut und -schleier schützen.

Wenn die Volkentwicklung zu ihrem Ende gekommen ist und keine Hummeln mehr den Kasten befliegen, werden das alte Nest und sämtliche Einstreu entfernt. Der Nistraum sollte gut gereinigt werden. Die Eingangsröhre wird – falls aus Pappe – durch eine neue ersetzt. Ich verwende hierzu Kartonröhren der Rollen von Frischhalte- oder Alufolie. Leerrohre zur Verlegung von Kabeln im Haus eignen sich ebenfalls. Da Hummeln koten, wird der vorgesehene Nistraum mit saugfähiger Kleintierstreu oder Rindenmulch bis zur Höhe der Eingangsröhre aufgefüllt. Darin legt man eine kleine Mulde an, in der als Nistmaterial fein zerzupfte Polsterwolle, sauberes und trockenes Moos oder fein geschnittenes, trockenes Heu gelegt wird. Neue Polsterwolle, die aber keine Kunststofffasern enthalten darf, ist beim Polsterer oder über das Internet erhältlich. Bei Hummelfreunden beliebt ist Kapok, die flauschige Hohlfaser der Schoten des Kapokbaumes, die auch über das Internet bezogen werden kann. Ich bevorzuge allerdings Moos oder Polsterwolle, um beim Fotografieren und Filmen zu starke, durch die sehr helle Kapokfaser erzeugte Kontraste zu vermeiden.

Problem Wachsmotte

Hummelvölker werden mehr oder weniger oft von der Hummelwachsmotte (*Aphomia sociella*) befallen. Manche behaupten, dass wir mit Hummelnistkästen diesen Kleinschmetterling sogar fördern. Das ist schwer zu überprüfen. Betroffen sind durch

Nestgründung bei der Ackerhummel (*Bombus pascuorum*). Nektartopf (rechts im Bild) und Königin beim Bebrüten einer Wachskammer mit Eiern.

Nest der Ackerhummel in einem Nistkasten auf der Höhe seiner Entwicklung. Die braunen Gebilde sind wächserne Larvenkammern, die gelben Puppenkokons.

die Wachsmotte vor allem große Völker, deren weitaus höherer Wachsanteil die sich geruchlich orientierende Wachsmotte leichter zum Nest leitet. Gelingt ihr die Eiablage in der Nähe der Waben, ist das Volk unter Umständen verloren, wenn es noch klein ist und die Larven der Wachsmotte nach dem Schlüpfen innerhalb weniger Tage die Zellen mitsamt der Hummelbrut und den Vorräten auffressen. Bei gut entwickelten Völkern und wenn nur wenige Eier abgelegt wurden, ist der angerichtete Schaden vom Hummelvolk womöglich verkraftbar. Die Säuberung eines von der Wachsmotte befallenen Nestes ist sehr aufwendig und ein Erfolg nicht gewährleistet. Daher empfehle ich sie nicht. Da Wachsmotten überwiegend nachtaktiv sind, ist ein regelmäßiges Verschließen des Fluglochs über Nacht vergleichsweise wirksam. Um die Gefahr eines Wachsmottenbefalls zu minimieren, sollte jeder Hummelnistkasten mit einer passenden Wachsmottenklappe (mindestens einem Gittertunnel) ausgestattet sein. Bei aller Fürsorge des Hummelfreundes für seine „Schützlinge" sollte dieser allerdings bedenken, dass Wachsmotten eigentlich sein Problem sind, denn sie haben nie eine Hummelart gefährdet (oder gar ausgerottet), sind aber ein Teil des Ökosystems und u. a. auch Nahrung für andere Tiere.

Umsiedlung

Die Umsiedlung von Hummelvölkern, die z.B. durch Baumaßnahmen bedroht sind, erfordert eine spezielle Sachkenntnis und viel Erfahrung. Sie sollte nur von geschulten Fachleuten vorgenommen werden. Nähere Informationen sind bei den Naturschutzbehörden zu erhalten.

Nektartopf aus Wachs (unten) und erste Brutkammern der Wiesenhummel (*Bombus pratorum*), die von der Königin bebrütet werden. Beginn der Entwicklung eines Hummelvolkes in einem Nistkasten.

Nest der Wiesenhummel in einem Nistkasten. Diese Art besiedelt Nistkästen auch ohne unser Zutun.

Nistkästen besiedelnde Hummelarten

Königin der Steinhummel (*Bombus lapidarius*) am Gewöhnlichen Natterkopf (*Echium vulgare*).

Königin der Gartenhummel (*Bombus hortorum*) an der Gefleckten Taubnessel (*Lamium maculatum*).

Königin der Ackerhummel (*Bombus pascuorum*) am Rot-Klee (*Trifolium pratense*).

Frisch aus dem Winterquartier erwachte Königin der Wiesenhummel (*Bombus pratorum*).

Königin der Baumhummel (*Bombus hypnorum*) beim Blütenbesuch an Wildem Dost (*Origanum vulgare*).

Eher selten: eine Königin der Bunthummel (*Bombus sylvarum*) beim Anflug an eine Nektarquelle.

Aus Fehlern lernen

Untaugliche Ratschläge und Begriffe

Auf vielen deutschen und ausländischen Internetseiten, aber auch in Büchern, die sich mit der Ansiedlung und Förderung von Wildbienen befassen, gibt es neben guten leider auch viele untaugliche Ratschläge und Anleitungen zum Bau (vermeintlicher) Nisthilfen, die regelmäßig als „Wildbienenhotel", „Bienenhotel" („bee hotel") oder „Insektenhotel" propagiert werden. Diese Bezeichnungen sind mittlerweile unausrottbar etabliert, obwohl sie irreführend sind. Zwar gibt es Individuen (meist Männchen), die hin und wieder in den Hohlräumen der Nisthilfen übernachten, doch dauert die Entwicklung der meisten Individuen vom Ei bis zum Vollinsekt in den Nisthilfen ein Jahr und länger. Diese sind also vor allen Dingen lang bewohnte Brut- und Entwicklungstätten. Außerdem umfasst der Begriff „Nisthilfen" ein viel größeres Spektrum an Nistangeboten als der Begriff „Bienenhotel", der auf das nur sehr eingeschränkte Angebot für Besiedler vorhandener Hohlräume beschränkt ist. Wer sich nur etwas näher mit der Materie beschäftigt, sollte eigentlich rasch erkennen, dass diese käuflichen „Insektenhotels" schon allein wegen der häufig enthaltenen Materialien wie Kiefernzapfen, Stroh, Holzwolle, Lochziegel und zersplissene Schilfhalme völlig ungeeignet sind, um Wildbienen und Wespen anzusiedeln und ihre Lebensweise kennenzulernen. Die Bohrungen sind oft nicht tief genug und die Röhrchen zu kurz. Dennoch lassen sich nach wie vor viele Menschen zum Kauf verleiten, vermutlich, weil die Werbung ihnen vorgaukelt, sie würden damit etwas für die Artenvielfalt und speziell für den Schutz der Wildbienen tun.

Auch so manch anderes, was im Internet zum Schutz der Wildbienen empfohlen wird, mag gut gemeint sein. Der Internetnutzer kann aber ohne gezielte Recherche und ohne eigene Erfahrung kaum wissen, welche Ratschläge sinnvoll und welche untauglich sind. Auch Suchmaschinen bewerten nicht nach der fachlichen Richtigkeit, sondern liefern ihre Treffer nach ganz anderen Kriterien. Deshalb möchte ich auf den folgenden Seiten auf die Fehler aufmerksam machen, die im Zusammenhang mit Nisthilfen immer noch gemacht werden, damit durch den erhofften Lerneffekt immer mehr untaugliche durch taugliche Nisthilfen ersetzt werden.

Ein gut gemeintes, aber wegen untauglicher Objekte (Baumscheiben, Lochziegel) und falscher Bohrungen (Stirnholz) unbesiedelbares „Insektenhotel". Leider stehen solche Anlagen mittlerweile in ganz Deutschland, ohne jedoch das erhoffte Ziel, nämlich eine befriedigende Besiedlung durch Wildbienen, zu erreichen.

Vier Jahre nach der obigen Aufnahme war das ganze „Hotel" umgekippt und dadurch zerstört. Leider erleiden viele solcher Objekte das gleiche Schicksal, weil sie nach der öffentlichen Einweihung und Präsentation ohne Betreuung und Pflege völlig sich selbst überlassen bleiben.

Ungeeignete Materialien und Objekte

Im Handel werden „Insekten-Nisthäuser" mit durchsichtigen Acrylglasröhrchen (Plexiglas®) angeboten. Zwar lassen sich in den Röhrchen tatsächlich Wildbienen und andere Besiedler bei ihren Aktivitäten beobachten, doch besteht durch die Verwendung dieses wasserdampfundurchlässigen Materials stets die Gefahr der Verpilzung des Larvenfutters und damit des Absterbens der Brut. Verantwortliche Erwachsene setzen eine solche Beobachtungsmöglichkeit nur in Ausnahmefällen (Forschung) unter ständiger Kontrolle ein. Nur bei Röhrchen mit einem Durchmesser von 5–8 mm, die von *Osmia bicornis* und von *Osmia cornuta* genutzt werden, ist die Gefahr einer Verpilzung etwas geringer, tritt aber dennoch immer wieder auf. Bei Röhrchen mit geringerem Durchmesser (3–5 mm), die u.a. von Arten besiedelt werden, welche Harz als Baumaterial verwenden (z.B. *Heriades truncorum*), besteht eine besonders große Gefahr der Verpilzung, was unweigerlich zum Tod der Brut führt. Deshalb gilt: Durchsichtige Röhrchen sind zur Ansiedlung und Förderung von Wildbienen nicht zu empfehlen!

Die Öffnungen von Lochziegeln oder Hohlziegeln, wie sie für den Hausbau Verwendung finden, sind viel zu groß und ohne Rückwand. Sie können höchstens der Aufnahme von Bambusröhrchen dienen (Beispiel auf Seite 119). Unverständlicherweise werden solche Lochziegel regelmäßig ohne weitere Bestückung in den sogenannten „Wildbienenhotels" eingebaut, ganz offensichtlich ohne zu überlegen, welche Bienenart denn in solchen Strukturen nisten soll.

Falsches Vorgehen beim Bohren in Holz

Verwendet man nicht ausreichend getrocknetes Holz oder setzt die Bohrgänge zu dicht, dann kommt es zu Rissen, die viele Bohrgänge unbesiedelbar machen. Allzu leicht könnten durch die Risse Parasiten eindringen. Deshalb nehmen die Wildbienenweibchen solche Gänge nicht an. Einer der häufigsten Fehler beim Anbieten von Nisthilfen für Hohlraumbesiedler ist das Bohren in das Stirnholz (Hirnholz). Hierfür werden meist Baumscheiben, manchmal sogar frische, verwendet und die Bohrgänge dort gesetzt, wo die Jahresringe als Kreise zu sehen sind. Aber genau dies ist der größte Fehler. Es darf nur ins Längsholz gebohrt werden, also dort, wo ursprünglich die Rinde war.

Von *Osmia bicornis* belegte Acrylglasröhrchen.

Zwei Brutzellen mit Verpilzung in einem Acrylglasröhrchen.

Lochziegel, wie er vielfach als untaugliche „Nisthilfe" verwendet wird.

Falsche Anbringungsorte

Nisthilfen sollten nicht an der Nordseite eines Gebäudes angebracht werden. Hier ist es meist zu kühl, weil der Sonnenschein fehlt, und zu feucht. Ein guter Nistplatz ist stets in Richtung Südosten bis Südwesten orientiert. Zumindest die unmittelbare Umgebung sollte ein paar Stunden am Tag von der Sonne be-

Bei dieser Baumscheibe sind von mehreren hundert Bohrungen bei näherem Hinsehen nur wenige besiedelt, und auch bei diesen ist eine unversehrte Entwicklung nicht gesichert. Infolge des Durchschneidens der Kapillare kann Feuchtigkeit leichter eindringen. Das Holz quillt daher viel stärker, was hier zu den vielen Rissen geführt hat.

Hier wurde mit Fichtenholz nicht nur eine ungeeignete Holzart verwendet, sondern auch versäumt, glatte Bohrungen zu setzen. Solche Objekte bleiben unbesiedelt. Schließlich bergen querstehende Holzfasern für die empfindlichen Flügel der Bienen eine erhebliche Gefahr. Ein eingerissener Flügel bedeutet den sicheren Tod.

schienen sein, denn wegen der empfindlichen Larvennahrung (Pollen verpilzt leicht!) ist Feuchtigkeit der größte natürliche Feind der Wildbienen. Ebenso ist das Anbringen im Blätterwerk von (Obst-)Bäumen falsch, weil es auch hier meist zu feucht ist. Wenn eine Nisthilfe an einem Baum angebracht werden soll, dann unterhalb der Krone unmittelbar am Stamm und nicht frei baumelnd. Ebensowenig sollten die Nisthilfen auf dem Boden liegen oder bodennah aufgestellt werden (Feuchtigkeit!).

Käufliche Nisthilfen für Hohlraumbesiedler

Im Internet oder in Bau- und Gartenmärkten werden verschiedene Typen vermeintlicher „Nisthilfen" unter der Wortschöpfung „Bienenhotel" angeboten. Nur selten sind sie tauglich und dann auch nur für ein beschränktes Artenspektrum. Prüfen Sie daher genau, was Sie kaufen und wer für die fachliche Unbedenklichkeit des Produkts garantiert. Nicht alles, was unter dem Begriff „Naturschutz" firmiert, dient tatsächlich dem Natur- und Artenschutz, sondern vielfach eher der Vermarktung und dem Geldbeutel des jeweiligen Anbieters. Wenn in den Anleitungen empfohlen wird, die Mauerbienenkokons im Herbst zu entnehmen und im Nest befindliche natürliche Gegenspieler abzutöten, so ist dies mit dem Naturschutzgesetz nicht vereinbar, da es sich bei ihnen teilweise um besonders geschützte Arten handelt (z.B. Bienenwolf, *Trichodes alvearius*). Gegenspieler gehören zur Lebensgemeinschaft der Bienen und gefährden ihre eigenen Wirte nicht.

Teil eines „Bienenhotels" aus einem Baumarkt. Wie soll hier eine Wildbiene gefahrlos nisten können, wenn die Hohlräume so zersplittert und durch querstehende Holzfasern versperrt sind?

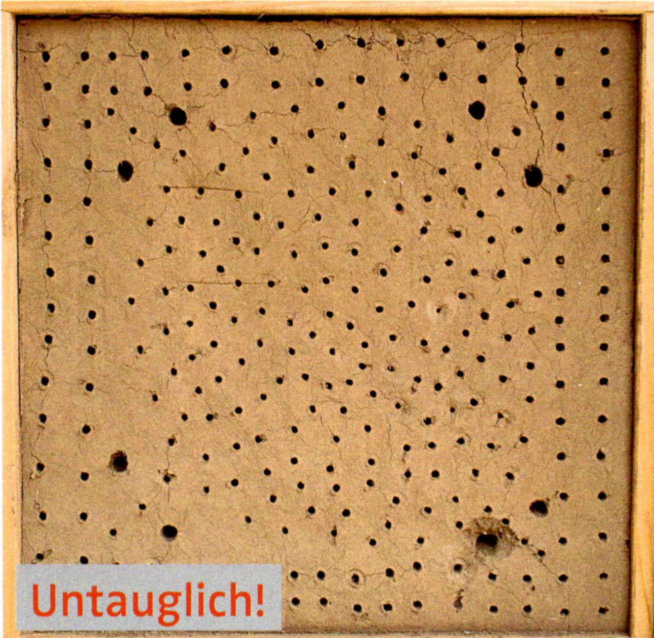

Dieses Beispiel zeigt anschaulich, dass der Hersteller dieser mit sehr tonigem Lehm gefüllten und vertikal orientierten Kiste nicht an die Ansprüche der Besiedler gedacht hat. Die Prüfung des verwendeten Materials ergab eine viel zu große Härte. Eventuell werden die größeren Löcher von Hohlraumbesiedlern wie *Osmia bicornis* angenommen. Die vielen kleinen Löcher sind aber völlig wertlos. Grabende Arten, und um die sollte es bei einer solchen Nisthilfe eigentlich gehen, haben hier keine Chance.

Umstritten ist die Vermarktung von Mauerbienen-Kokons (*Osmia cornuta*, *Osmia bicornis*) und gänzlich abzulehnen ist ihre Lieferung in Gebiete, in denen sie natürlicherweise gar nicht vorkommen (*Osmia cornuta*), oder in Regionen weit entfernt vom Vermehrungsort. Für die Bestäubung der Blüten in Streuobstgebieten sind sie unnötig, und in Intensivobstanlagen kann man durch geeignete Nisthilfen in wenigen Jahren eigene Bestände aufbauen.

In riesiger Zahl künstlich vermehrte Erdhummeln, die eigentlich für den Bestäubungseinsatz für Obst- und Gemüsebauern gedacht sind, werden immer häufiger auch von Privatpersonen über das Internet gekauft. Bitte lassen Sie sich nicht dazu verleiten! Sie würden damit der weiteren Ausbreitung von Hummelkrankheiten und -parasiten Vorschub leisten.

Steilwände aus hartem Lehm oder Ton

Ton oder fetter Lehm, Materialien, die verschiedentlich für den Bau einer künstlichen Steilwand empfohlen werden, sind auf keinen Fall geeignet. Sie sind zum Graben von Nestgängen nach dem Trocknen viel zu hart. Auch hier scheinen sich ihre Erbauer keine Gedanken darüber zu machen, wer diese Strukturen eigentlich besiedeln soll. Ein geeignetes Substrat kann man mit dem Fingernagel leicht abschaben (testen!). Weidenruten-Lehmwände sind demnach zur Ansiedlung oder Förderung grabender Bienenarten (und anderer Stechimmen dieses Anspruchstyps) ohne jede Bedeutung.

Gebündelte markhaltige Stängel

Dürre markhaltige Stängel in waagrecht gelagerten Bündeln anzubieten ist nicht sehr sinnvoll, weil die Besiedler in der Natur sich vor allem vertikale, einzeln stehende Stängel (Königskerzen, Disteln) suchen oder abgebrochene dürre Ranken in alten Brombeerhecken. Nach meiner Erfahrung sind Holunderzweige, die regelmäßig empfohlen werden, für die zu fördernden Bienenarten im Garten nicht geeignet (weder waagrecht noch senkrecht orientiert). In Wäldern nisten allerdings bestimmte Grabwespen (*Crossocerus*) gelegentlich im Holundermark.

Schneckenhäuser im Wildbienenhaus?

Mauerbienen, die an Waldrändern, auf Schutthalden und Trockenrasen, in Kalkgebieten manchmal auch in Steingärten auf dem Boden liegende leere Schneckengehäuse besiedeln, würden niemals in einem Wildbienenhaus nach einer solchen Nistmöglichkeit suchen, geschweige denn dort nisten.

Leere Gehäuse der Weinbergschnecke in einem Wildbienenhaus.

Lebensbilder hohlraumbesiedelnder Wildbienen

Osmia bicornis (Rostrote Mauerbiene)

Männchen. 8–12 mm. Brust- und Vorderschenkel ebenso weißlich behaart wie Kopfschild und Kopfunterseite. Behaarung der ersten drei Rückensegmente (Tergite) und des Schildchens rostrot. Das 6. und 7. Rückensegment ohne Ausschnitt oder Zähne.

Weibchen. 8–13 mm. Der Clypeus (Kopfschild) hat beiderseits wie *Osmia cornuta* ein vorstehendes Hörnchen. Thorax rötlich braungelb zottig behaart, höchstens vorne mit eingestreuten schwarzen Haaren. Die ersten zwei oder drei Hinterleibssegmente rostrot, die übrigen schwarz behaart.

Verbreitung: Flächendeckend verbreitet und überall häufig.

Lebensraum: Besiedelt ganz unterschiedliche Lebensräume: Waldränder und -lichtungen, Streuobstwiesen, Feldhecken, Siedlungsraum (Gärten und Parks). Als Nistplätze dienen Steilwände (Löss, Lehm), Trockenmauern, Totholzstrukturen, Brombeerhecken mit dürren Ranken, alte Holzschuppen, Gebäude.

Nistweise: Nistet in vorhandenen Hohlräumen verschiedenster Form und Größe, sogar in Türschlössern und oft auch in Löchern von Bücherregalen, in Fensterrahmen und in Falten zusammengeklappter Sonnenschirme. Besiedelt rasch Nisthilfen, z.B. Bohrungen in Holz, Bambusröhrchen, Schilfhalme, Papphülsen, Strangfalzziegel. Bevorzugter Innendurchmesser 5–7 mm. Meist sind die Nester Linienbauten mit bis zu 20 Brutzellen. In größeren Hohlräumen werden bis zu 30 Brutzellen traubenförmig aneinander gebaut. Als Baumaterial dienen an feuchten Stellen gesammelter Lehm oder lehmiger Sand. Nur selten werden Niströhren teilweise gereinigt und erneut genutzt.

Blütenbesuch: Polylektische Art, von der Vertreter von 19 Pflanzenfamilien als Pollenquellen bekannt sind. Besonders beliebt sind Rosengewächse und Hahnenfuß (*Ranunculus*).

Phänologie: Eine Generation im Jahr. Flugzeit von Anfang April bis etwa Mitte Juni. Überwinterung als Imago im Kokon. Erscheint erst, wenn die Weibchen von *Osmia cornuta* schon länger mit dem Nestbau beschäftigt sind.

Hinweis: Unter Flugzeit wird die Zeitspanne verstanden, in der im Mittel der Jahre der größte Teil der adulten Wildbienen aktiv und im Feld zu beobachten ist. Dabei wirken sich auch Witterung, geographische Lage und Höhe aus, so dass der Zeitpunkt des Erscheinens einer Art von Ort zu Ort unterschiedlich sein kann. Der Klimawandel hat u.a. zu einem wärmeren Winterausklang geführt und so auch zu einem früheren Erscheinen der Frühlingsarten im Vergleich zur Mitte des 20. Jahrhunderts.

Weibchen mit Pollen in der Bauchbürste beim Anflug an das Nest im Bambusröhrchen.

Die Weibchen sind beim Pollensammeln an den verschiedensten Pflanzen zu beobachten, hier am Scharfen Hahnenfuß (*Ranunculus acris*, oben) und an der Esparsette (*Onobrychis viciifolia*, unten).

Drei Brutzellen von *Osmia bicornis* in einem Bambusröhrchen. Die Eier sind bei dieser Art im Gegensatz zu *Osmia cornuta* mit Pollen bestäubt.

Die Larven haben den Proviant größtenteils aufgefressen. Während sie heranwachsen, entleeren sie ihren Darminhalt, erkennbar an den dunkelbraunen Kotbällchen.

Die Larven haben den Proviant aufgefressen und sich in einem undurchsichtigen, braunen und leicht glänzenden Kokon eingesponnen. Der Kokon von *Osmia cornuta* ist im Gegensatz dazu ganz matt.

Wenn röhrenartige Hohlräume nicht vorhanden sind, werden von *Osmia bicornis* auch andere als Nistplatz genutzt wie hier in einem Begattungskästchen für Honigbienen. Hier sind die Brutzellen traubenartig aneinandergebaut.

Osmia caerulescens (Stahlblaue Mauerbiene)

Männchen. 7–9 mm. Augen grün. Behaarung dünn rostgelb. Der Endrand des 6. Segments ist in der Mitte schwach ausgeschnitten und deutlich krenuliert (mit kleinen Kerben versehen). Im Feld nicht zu bestimmen.

Weibchen. 8–10 mm. Der ganze Körper ist metallisch-blau schillernd und dünn hellgrau behaart. Die Bauchbürste ist schwarz.

Verbreitung: Vor allem in Lagen unter 500 m verbreitet und mäßig häufig.

Lebensraum: Waldränder, Waldlichtungen, Streuobstwiesen, ausgedehnte Weinbergbrachen, aufgelassene Steinbrüche, regelmäßig im Siedlungsbereich. Als Nistplätze dienen Baumstrünke, abgestorbene Äste, Brombeerhecken, Felswände, Löss- und Lehmwände, Trockenmauern, Reetdächer oder Hauswände.

Nistweise: Nistet in vorhandenen Hohlräumen verschiedenster Art: Fraßgänge in altem Holz; verlassene Nester von Pelzbienen (*Anthophora*) in Steilwänden oder in der Erde; sonstige Hohlräume in Löss- und Lehmwänden, in Gestein und in Pflanzenstängeln. Besiedelt auch Nisthilfen, z.B. Bohrungen in Holz, Bambusrohr, Schilfstängel, Papphülsen (Innendurchmesser 4–5 mm). Die Nester sind Linienbauten und enthalten 1–7 Brutzellen. Baumaterial für Zellzwischenwände und Nestverschluss ist Pflanzenmörtel aus zerkauten Teilen verschiedener Pflanzen, z.B. Laubblätter von Schwarzerle (*Alnus glutinosa*), Herzgespann (*Leonurus cardiaca*), Esparsette (*Onobrychis*), Luzerne (*Medicago sativa*) oder Hornklee (*Lotus*), außerdem Blüten- und Laubblätter von Moschus-Malve (*Malva moschata*) und Mohn (*Papaver*). Alte Nester werden wiederbenutzt.

Blütenbesuch: Polylektische Art, von der Vertreter von sieben Pflanzenfamilien als Pollenquellen belegt sind. Schmetterlingsblütler und Lippenblütler werden deutlich bevorzugt.

Bekannte Pollenquellen sind u.a.: Gewöhnlicher Hornklee (*Lotus corniculatus*), Weiß-Klee (*Trifolium repens*), Roter Wiesen-Klee (*Trifolium pratense*), Luzerne (*Medicago sativa*), Weißer Steinklee (*Melilotus alba*), Futter-Esparsette (*Onobrychis viciifolia*), Zaun-Wicke (*Vicia sepium*), Vogel-Wicke (*Vicia cracca*), Bunte Kronwicke (*Securigera varia*), Wiesen-Salbei (*Salvia pratensis*), Gundermann (*Glechoma hederacea*), Kriechender Günsel (*Ajuga reptans*), Weiße Taubnessel (*Lamium album*), Rote Taubnessel (*Lamium purpureum*), Kleine Brunelle (*Prunella vulgaris*), Aufrechter Ziest (*Stachys recta*), Wirbeldost (*Clinopodium vulgare*), Lauch-Gamander (*Teucrium scorodonia*).

Phänologie: Erste Generation von Mitte April bis Mitte Juli, eine partielle zweite, weniger produktive Generation von Anfang Juli bis Mitte August. Überwinterung als Imago im Kokon.

Nest mit drei Brutzellen in einem Bambusröhrchen. Nesteingang rechts. Der Pflanzenmörtel der Zellzwischenwände wird nach einigen Tagen dunkel. Auf dem Futtervorrat der ersten beiden Zellen liegt bereits eine junge Larve.

Brutzelle von *Osmia caerulescens* mit junger Larve auf dem nektarreichen Pollenvorrat. Hier ist die Verwendung von Pflanzenmörtel (grün) für den Zellenbau gut zu erkennen.

Der Kokon ist weißlich und leicht durchsichtig. Die hellbraunen Elemente sind getrockneter Larvenkot.

Weibchen von *Osmia caerulescens* beim Sammeln von Pollen am Wald-Ziest (*Stachys sylvatica*).

Osmia brevicornis (Schöterich-Mauerbiene)

Männchen. 8–10 mm. Frisch geschlüpft rostrot behaart. Oft sind die Männchen mit Milben behaftet. Im Feld nicht zu bestimmen.

Weibchen. 9–11 mm. Durch blau schillernden Körper und rostrote Bauchbürste gut kenntlich.

Verbreitung: Weit verbreitet, aber selten und meist nur einzeln nachgewiesen.

Lebensraum: Das Vorkommen wird bestimmt durch ein ausreichendes Angebot großblütiger Kreuzblütler in Verbindung mit Totholzstukturen in Form ganz oder teilweise abgestorbener Bäume, alter Zaunpfähle oder alter Holzschuppen. Auch im Siedlungsraum.

Nistweise: Nistet in vorhandenen Hohlräumen, besonders in Fraßgängen in totem Holz. Besiedelt auch Nisthilfen, z.B. Bohrungen in Holz, Bambusrohr oder Schilfhalme (Innendurchmesser 5–6 mm). Der Nestbau ist unter den bisher bekannten europäischen Bienen einzigartig. Die zur Nestanlage gewählten röhrenförmigen Hohlräume werden durchgehend und ohne Zellzwischenwände mit Pollen gefüllt. Die Eier werden nach und nach mitten in den sehr trockenen Proviant gelegt. Die Nester sind abhängig von dem zur Verfügung stehenden Raum unterschiedlich lang und können 8–23 Larven enthalten. Der Nestverschluss besteht aus Pflanzenmörtel, der in kleinen Päckchen mit den Mandibeln zum Nest geflogen wird, und sitzt stets 5–10 mm tief im Nesteingang.

Blütenbesuch: Oligolektische, auf Kreuzblütler spezialisierte Art. In Gärten regelmäßig genutzte Pollenquellen: Raps (*Brassica napus*), Gemüse-Kohl (*Brassica oleracea*), Acker-Senf (*Sinapis arvensis*), Garten-Silberblatt (*Lunaria annua*), Wildes Silberblatt (*Lunaria rediviva*), Goldlack (*Cheiranthus cheiri*), Gewöhnliche Nachtviole (*Hesperis matronalis*), Bleicher Schöterich (*Erysimum crepidifolium*). Bei Untersuchungen des Autors mit verschiedenen gleichzeitig angebotenen Kreuzblütern wurden großblütige Arten stark bevorzugt, kleinblütige Brassicaceen (z.B. Berg-Steinkraut *Alyssum montanum*) hingegen nicht genutzt. Die Weibchen sammeln Pollen auf einem Ausflug oft an zwei verschiedenen Kreuzblütlerarten.

Phänologie: Eine Generation im Jahr. Flugzeit von April bis Juni. Die Nistaktivität einzelner Weibchen kann 6 Wochen und länger dauern. Die Überwinterung erfolgt als Imago im Kokon.

Synonym: *Osmia atrocaerulea, Osmia panzeri.*

Ein fertiges Nest in einem Bambusröhrchen mit 5 mm Durchmesser. Die Länge des ganzen Nestes beträgt 11 cm, die des nektararmen Larvenproviantes mit den darin verborgenen Eiern 8 cm.

Anders als bei den meisten übrigen solitären Bienenarten fressen die hier ca. eine Woche alten Larven den Pollenproviant gemeinsam.

Stark mit Milben behaftetes Männchen und Weibchen vor der Paarung.

In der zweiten Hälfte der Flugzeit besuchen die Weibchen sehr gerne auch die Gewöhnliche Nachtviole (*Hesperis matronalis*), die als zweijährige bis kurzlebig mehrjährige Pflanze seit Jahrhunderten in Bauerngärten als Zierpflanze kultiviert wird und in Gebüschen, Ruderalfluren und Auwäldern verwildert.

Osmia adunca (Natterkopf-Mauerbiene)

Männchen. 11–13 mm. Frisch dicht und intensiv rostrot behaart. Fühler deutlich breitgedrückt, Unterseite der Glieder 5–11 lebhaft rötlichgelb. Tergit 6 am Endrand seitlich mit Zahn, Tergit 7 breit, fast rechteckig.

Weibchen. 11–13 mm. Viel kürzer behaart als die Männchen, der Thorax hellbraun. Bauchbürste weiß. Tergite mit schmalen Endbinden, kurz behaart, schwarz und glänzend mit großen Punktzwischenräumen. Tibiensporne schwarz.

Verbreitung: Schwerpunkt in Lagen unter 500 m, aber auch in den Mittelgebirgen bis ca. 800 m verbreitet. In den Alpen bis 2100 m.

Nistweise: Nistet in vorhandenen Hohlräumen, z. B. in Fraßgängen in altem Holz, in hohlen Pflanzenstängeln, in verlassenen Nestern von Seidenbienen (*Colletes*), Mörtelbienen (*Megachile parietina*), Pelzbienen (*Anthophora*) und Lehmwespen (*Odynerus*) sowie in Löchern von Lehmwänden oder Felswänden. Besiedelt ausgesprochen gern Nisthilfen, z. B. Bambusrohr, Schilfhalme, Bohrungen in Holz mit einem Durchmesser von 5–6 mm; 1–7 Brutzellen je Nest. Als Baumaterial dient ein Mörtel aus lehmigem Sand oder sandigem Lehm und kleinen Steinchen, der nach dem Trocknen (durch Speichel als Bindemittel?) sehr hart wird. Der Nestverschluss wird zusätzlich mit unterschiedlichen Materialien (z. B. Partikeln von angewittertem Holz) versehen.

Blütenbesuch: Streng oligolektische, auf *Echium* (Natterkopf, Borretschgewächse) spezialisierte Art. Pollenquelle im gesamten mitteleuropäischen Verbreitungsgebiet ist der Gewöhnliche Natterkopf (*Echium vulgare*) als meist einziger Vertreter der Gattung *Echium*. Auch der unbeständig eingeschleppte, mittlerweile auch als Zierpflanze in Sommerblumenmischungen enthaltene Wegerichblättrige Natterkopf (*Echium plantagineum*) wird als Pollenquelle genutzt. *Echium* dient überwiegend auch als Nektarquelle für beide Geschlechter. Die Männchen patrouillieren ständig an den Blütenständen der Pollenquellen der Weibchen, wobei es regelmäßig zu „Rangeleien" mit anderen Männchen kommt. Während der Patrouillen setzen sich die Männchen oft auf Steine, dürres Holz oder kahle Bodenstellen als Rastplätze. Der bläuliche Pollen von *Echium vulgare* wird von den Weibchen trocken in der Bauchbürste transportiert. Durch Zugabe von Nektar erhält der mäßig feuchte Larvenproviant in der Brutzelle eine dunkelviolette Farbe.

Phänologie: Eine Generation im Jahr. Flugzeit von Mitte Mai bis Ende Juli, in manchen Jahren und unter günstigen Nahrungsbedingungen auch noch bis September.

Bemerkung: Den größten Erfolg mit der Ansiedlung dieser hübschen Art im Garten hat man, wenn man alljährlich den Gewöhnlichen Natterkopf kultiviert. Dies ist sogar in einem Container möglich (siehe S. 95). Bei heißer Witterung schlüpft diese Art nach der Rückkehr von einem Sammelflug äußerst schnell ins Nest.

Synonym: *Hoplitis adunca*.

Regelmäßig nutzt *Osmia adunca* alte, eigene Nester. Hier verlässt ein Weibchen gerade ein solches vorjähriges und von ihm erneut genutztes Nest in einer Nisthilfe. Der Rest des alten Nestverschlusses wird nicht entfernt.

In einem Bambusröhrchen angelegtes Nest mit drei Brutzellen, in denen sich die jungen Larven von dem ganz aus *Echium*-Pollen bestehenden Futtervorrat ernähren.

Zwei Larven haben sich nach dem Verzehren des Proviants bereits in einem leicht durchscheinenden, weißlichen Kokon eingesponnen. Eine dritte Larve wird sich bald ebenfalls einspinnen. Neben den Kokons bzw. der Larve liegen zahlreiche dunkle Kotbällchen.

Weibchen beim Fertigen des Nestverschlusses an einer Nisthilfe aus Holz.

Weibchen von *Osmia adunca* beim Anflug an eine Blüte des Gewöhnlichen Natterkopfs (*Echium vulgare*).

Chelostoma florisomne (Hahnenfuß-Scherenbiene)

Männchen. 9–11 mm. Die mittleren Geißelglieder der Fühler sind unten scharf gesägt! Das 7. Rückensegment des Hinterleibs ist rund ausgeschnitten und erscheint dadurch zweiteilig.

Weibchen. 8–10 mm. Kopfschild (Clypeus) am Vorderrand mit aufrechter Lamelle. Mandibeln lang und schmal. Bauchbürste gelblich weiß.

Verbreitung: Weit verbreitet und überall häufig.

Lebensraum: Waldränder, Waldlichtungen, Streuobstwiesen, regelmäßig auch im Siedlungsbereich. Als Nistplätze dienen Totholzstrukturen verschiedenster Art, z.B. abgestorbene Äste, anbrüchige Bäume, „wurmstichige" Balken und Bretter von Holzschuppen und Scheunen, alte Zaunpfähle; außerdem Schilfmatten (Sichtschutz) oder reetgedeckte Dächer.

Nistweise: Solitäre Art, die in vorhandenen Hohlräumen nistet. Bevorzugt werden Insektenfraßgänge in totem Holz und andere röhrenförmige Hohlräume. Besiedelt regelmäßig und rasch auch Nisthilfen, z.B. Bohrungen in Holz, Bambus- und Schilfröhrchen (bevorzugter Innendurchmesser 3,5 mm). Die Nester sind Linienbauten und enthalten meist 2–3, in Schilfhalmen sogar bis zu 8 Brutzellen. Die Zellzwischenwände und der Nestverschluss bestehen aus einem mit Drüsensekreten (?) und Nektar durchtränkten Mörtel aus Lehm oder Sand. Der Nestverschluss ist besonders charakteristisch, weil in den noch weichen Mörtel kleine Steinchen gesetzt werden. Nach dem Trocknen werden die Nestverschlüsse steinhart.

Blütenbesuch: Streng oligolektisch und auf *Ranunculus* (Hahnenfuß, Hahnenfußgewächse) spezialisiert. In Gärten und auf Wiesen genutzte Pollenquellen: Scharfer Hahnenfuß (*Ranunculus acris*), Knolliger Hahnenfuß (*Ranunculus bulbosus*), Kriechender Hahnenfuß (*Ranunculus repens*). Die Männchen schlafen gern in Hahnenfuß-Blüten.

Phänologie: Eine Generation im Jahr. Flugzeit (je nach Frühjahrsentwicklung) von Anfang oder Mitte April bis Ende Juni. Überwinterung meist als unausgefärbte (helle), teils als ausgefärbte (schwarze) Puppe.

Bemerkung: Diese Scherenbiene ist neben der Rostroten Mauerbiene die Art, die am schnellsten in geeigneten Nisthilfen als Besiedler auftritt.

Synonym: *Osmia florisomnis.*

Brutzelle mit Hahnenfuß-Pollen und junger Larve.

Nach dem Verzehr spinnt die Larve einen weißlichen, leicht durchsichtigen Kokon.

Die ausgeprägten scherenartigen Mandibeln des Weibchens, die sich für den Bau des Nestverschlusses hervorragend eignen, haben der Artengruppe zu dem Namen „Scherenbienen" verholfen.

Weibchen mit *Ranunculus*-Pollen in der Bauchbürste nach der Heimkehr von einem Sammelflug (links) und beim Herstellen des Nestverschlusses (rechts).

Ein Weibchen von *Chelostoma florisomne* sammelt Pollen in einer Hahnenfuß-Blüte (*Ranunculus repens*).

Chelostoma rapunculi (Glockenblumen-Scherenbiene)

Männchen. 8–10 mm. Das letzte Hinterleibssegment am Ende breit und stumpf bzw. in drei stumpfen Lappen endend.

Weibchen. 8–10 mm. Die Mandibeln sind bei dieser Art kleiner als bei *Chelostoma florisomne* und nicht so kneifzangenartig. Sie fliegt auch später als diese Art. Der Vorderrand des Clypeus (Kopfschild) ist krenuliert (mit kleinen Kerben versehen).

Verbreitung: Weit verbreitet und häufig.

Lebensraum: Waldränder, Waldlichtungen, Streuobstwiesen, oft auch im Siedlungsbereich in Gärten und größeren Parkanlagen. Als Nistplätze dienen Totholzstrukturen verschiedenster Art, z. B. abgestorbene Äste, anbrüchige Bäume, „wurmstichige" Balken und Bretter von Holzschuppen, alte Zaunpfähle, Schilfmatten und Reetdächer.

Nistweise: Nistet in vorhandenen Hohlräumen in totem Holz, besonders Insektenfraßgängen. Besiedelt auch Nisthilfen, z. B. Bohrungen in Holz, Bambus- und Schilfröhrchen (Innendurchmesser bevorzugt 3,5 mm). Die Nester sind Linienbauten und enthalten 1–6 Brutzellen. Die Zellzwischenwände und der Nestverschluss bestehen wie bei *Chelostoma florisomne* aus einem mit Drüsensekreten (?) und Nektar durchtränkten Mörtel aus Lehm oder Sand. Der Nestverschluss ist besonders charakteristisch, weil in den noch weichen Mörtel kleine Steinchen gesetzt werden. Nach dem Trocknen werden die Nestverschlüsse steinhart.

Blütenbesuch: Oligolektisch und auf Glockenblumengewächse spezialisiert. Pollenquellen in Gärten sind: Rundblättrige Glockenblume (*Campanula rotundifolia*), Nesselblättrige Glockenblume (*Campanula trachelium*), Pfirsichblättrige Glockenblume (*Campanula persicifolia*), Rapunzel-Glockenblume (*Campanula rapunculus*), Acker-Glockenblume (*Campanula rapunculoides*), Knäuel-Glockenblume (*Campanula glomerata*), Ranken-Glockenblume (*Campanula poscharskyana*), Dalmatinische Glockenblume (*Campanula portenschlagiana*), Duft-Becherglocke (*Adenophora confusa*), Grasblättrige Büschelglocke (*Edraianthus graminifolius*), Ballonblume (*Platycodon grandiflorus*). Vor allem die Männchen schlafen regelmäßig in Glockenblumen, sie nutzen diese aber auch zur Eigenversorgung. Der Nektar der Glockenblumen ist im Übrigen allen lang- und kurzrüsseligen Wildbienen gut zugänglich.

Phänologie: Eine Generation im Jahr. Flugzeit von Mitte Juni bis Ende August. Hauptnistaktivität von Anfang Juli bis Mitte August.

Bemerkung: Mit Glockenblumen kann man diese Art im Garten und sogar auf dem Balkon wirksam fördern. Sie ist der Hahnenfuß-Scherenbiene (*Chelostoma florisomne*) äußerlich sehr ähnlich, fliegt aber später.

Synonym: *Osmia rapunculi*.

In einem Bambusröhrchen angelegtes Nest mit drei Brutzellen und Eiern (Nesteingang rechts).

Je nachdem, an welcher *Campanula*-Art das Weibchen gesammelt hat, ist der Pollen in der Brutzelle weiß bis hellgelb (Bild oben) oder mehr oder weniger rot (linkes Bild).

Unten rastet ein Männchen in der weißen Blüte der Pfirsichblättrigen Glockenblume (*Campanula persicifolia*). Oben hat sich ein Weibchen mit den Mandibeln an der Griffelbürste zum Schlafen festgebissen.

Pollen suchende Weibchen zwängen sich oft in die noch geschlossenen oder sich gerade öffnenden Blüten, um den dann noch reichlich vorhandenen Pollen von der Griffelbürste zu ernten. Kurz vor dem Verlassen der Blüte hat hier das Weibchen den meisten Pollen bereits abgestreift und in seine Transportbürste umgelagert.

Heriades truncorum (Gewöhnliche Löcherbiene)

Männchen. 6–7 mm. Das letzte Hinterleibssegment seitlich mit tief eingedrückten „Gruben", dazwischen mit einem schmalen Wulst (bei *Heriades crenulata* ist dieser deutlich breiter).

Weibchen. 6–8 mm. Der Clypeusrand ist im Gegensatz zur verwandten *Heriades crenulata* gerade und besitzt in der Mitte einen kleinen Doppelhöcker.

Verbreitung: Weit verbreitet und häufig, von der Ebene bis in die höheren Lagen der Mittelgebirge. Eine häufige Art an Nisthilfen.

Lebensraum: Vor allem an Waldrändern, auf Waldlichtungen und Kahlschlägen, in Streuobstwiesen mit altem Baumbestand, in Hecken und Feldgehölzen, in alten Weinbergbrachen, regelmäßig auch im Siedlungsbereich.

Nistweise: Nistet in vorhandenen Höhlungen in totem Holz (Insektenfraßgänge) oder in Brombeeren (*Rubus fruticosus*). Besiedelt auch Nisthilfen, z. B. Bohrungen in Holz sowie Schilfhalme und Bambusrohr (Innendurchmesser bevorzugt 3–3,5 mm). Die Nester sind Linienbauten mit 1–10, durchschnittlich 4 Brutzellen. Als Baumaterial für die Zellzwischenwände und den Nestverschluss dient Harz von Nadel- oder von Laubbäumen. In das Harz des Nestverschlusses werden kleine Steinchen, Erdbröckchen, Holzstückchen, Spelzen und Ähnliches eingebaut.

Blütenbesuch: Oligolektische, auf Korbblütler spezialisierte Art. Genutzt werden Vertreter fast aller Verwandtschaftsgruppen der Korbblütler, zungenblütige ebenso wie röhrenblütige, Wildpflanzen ebenso wie Zierpflanzen. Die Blütenstetigkeit beim Pollensammeln ist gering. Regelmäßig werden verschiedene Typen von Korbblütlern während eines Sammelflugs besucht.

Phänologie: Eine Generation im Jahr. Außerordentlich lange Flugzeit (v. a. der Weibchen) von Anfang Juni bis Ende September. Hauptnistaktivität von Mitte Juni bis Ende August, in sonnenreichen Spätsommern noch bis Ende September. Überwinterung als Ruhelarve im Kokon.

Sehr ähnlich ist die v. a. in wärmeren Lagen verbreitete Gekerbte Löcherbiene (*Heriades crenulata*), die in Deutschland ihre Hauptverbreitung im Südwesten und Nordosten hat. Die Weibchen (hier eines im Bild), lassen sich durch einen deutlich gezähnelten oder gekerbten Clypeusrand von *Heriades truncorum* unterscheiden.

Das Weibchen hat in seinen Oberkiefern weißes Harz gesammelt und verarbeitet dieses beim Nestverschluss.

Auch das Raukenblättrige Greiskraut (*Senecio erucifolius*) gehört zu den von *Heriades truncorum* genutzten Pollenquellen.

Nest in einem Bambusröhrchen mit drei Brutzellen. Zellzwischenwände aus Harz.

Stelis breviuscula (Kleine Düsterbiene)

Diese Düsterbienenart (Männchen links, Weibchen rechts) ist eine parasitische Biene und schmarotzt bei den Löcherbienen *Heriades truncorum* und *Heriades crenulata*. Sie ist regelmäßig an Nisthilfen zu beobachten, aber leicht zu übersehen (5–6 mm). An ihrem Verhalten auf der Suche nach Wirtsnestern kann man sie am ehesten erkennen. Flugzeit: Juni bis August.

Megachile rotundata (Luzerne-Blattschneiderbiene)

Männchen. 7–8 mm. Mit grünen Komplexaugen. Vordertarsen mit kurzen Fransen. Rückensegmente mit schmalen Binden. Das 5. Rückensegment an der Basis mit halbmondförmigem, weiß behaartem Fleck.

Weibchen. 8–9 mm. Bauchbürste bis auf das letzte Segment weiß. Rückensegment 1–5 mit schmalen, weißen, durchgehenden Binden. Das 6. Rückensegment schwarz behaart.

Verbreitung: In den letzten zwei Jahrzehnten hat sich diese früher nur regional verbreitete Art deutlich ausgebreitet und ist heute viel häufiger zu beobachten, auch mitten in der Großstadt.

Lebensraum: Binnendünen, Sand- und Lehmgruben, Trockenhänge sowie Böschungen und Hohlwege im Weinbauklima, Hochwasserdämme in Kontakt zu Auwäldern, im Siedlungsbereich in Parkanlagen, Gärten und an Ruderalstellen.

Nistweise: Nistet in vorhandenen, oberirdischen Hohlräumen, v.a. in Fraßgängen in totem Holz und hohlen Pflanzenstängeln; auch in Hohlräumen in Löss- und Lehmwänden. Besiedelt auch Nisthilfen, z.B. Bohrungen in Holz, Bambusröhrchen, Trinkhalme (Durchmesser 5–6 mm, Gangtiefe 8–10 cm). Als Baumaterial für die Brutzellen dienen sowohl Ausschnitte von Blüten- als auch von Laubblättern verschiedener Pflanzen, z.B. von *Pelargonium zonale*, *Hortensia*, Wolfsmilch (*Euphorbia*), Resede (*Reseda*), Luzerne (*Medicago*), Flieder (*Syringa*) und Weinrebe (*Vitis*). Die Nester sind Linienbauten.

Blütenbesuch: Polylektische Art, von der Vertreter von sechs Pflanzenfamilien als Pollenquellen bekannt sind. Amaryllisgewächse: Gelber Lauch (*Allium flavum*), Kugel-Lauch (*Allium spaerocephalon*); Doldenblütler: Feld-Mannstreu (*Eryngium campestre*), Flachblättriger Mannstreu (*Eryngium planum*); Korbblütler: Färber-Hundskamille (*Anthemis tinctoria*), Weidenblättriges Ochsenauge (*Buphthalmum salicifolium*), Zwerg-Alant (*Inula ensifolia*), Rauer Alant (*Inula hirta*); Dickblattgewächse: Felsen-Fetthenne (*Sedum rupestre*); Schmetterlingsblütler: Gewöhnlicher Hornklee (*Lotus corniculatus*), Weißer Steinklee (*Melilotus alba*), Hasen-Klee (*Trifolium arvense*), Weiß-Klee (*Trifolium repens*), Luzerne (*Medicago sativa*); Knöterichgewächse: Schling-Flügelknöterich (*Fallopia baldschuanica*). In Nordamerika ist die Art zum wichtigsten Bestäuber der Luzerne geworden.

Phänologie: Eine Generation im Jahr von Mitte Juni bis Ende August. Überwinterung als Ruhelarve im Kokon.

Empfehlung: Die recht wärmeliebende Art wird erst bei 18 °C Lufttemperatur aktiv. Es empfiehlt sich daher, die Nisthilfenanlage auf der Westseite mit einem Windschutz (z.B. Doppelstegfenster) zu versehen, der bei Sonne in den Morgenstunden für eine rasche Aufwärmung des Nistplatzes sorgt.

Weibchen mit Blattstück für den Nestbau im Anflug an sein Nest in einem Holzblock.

Nest mit vier Brutzellen aus länglichen und rundlichen Blattstücken in einem Bambusröhrchen.

Als Pollenquelle nutzt das Weibchen auch gerne bestimmte Korbblütler wie hier den Zwerg-Alant (*Inula ensifolia*) im Steingarten des Autors.

Coelioxys echinata (Kegelbienenart)

Diese Kegelbiene ist wie alle Arten der Gattung *Coelioxys* eine Kuckucksbiene und schmarotzt bei der Luzerne-Blattschneiderbiene. Sie ist regelmäßig auch an Nisthilfen zu beobachten. Hier sind (links) ein Männchen mit mehreren dornartigen Fortsätzen auf dem letzten Hinterleibssegment sowie ein Weibchen (rechts) mit stachelartiger Hinterleibsspitze zu sehen.
Flugzeit: Mitte Juni bis Ende August.

Megachile ericetorum (Platterbsen-Mörtelbiene)

Männchen. 12–14 mm. Relativ große Art. Breite, durchgehende Haarbinden auf den Hinterleibssegmenten. Vordertarsen größtenteils rotgelb und weiß gefranst. 6. Segment des Hinterleibes in der Mitte ausgerandet und beiderseits gezähnelt.

Weibchen. 13–15 mm. Die Hinterleibssegmente 2–5 mit breiten, hellbraungelben Binden. Bauchbürste rötlich gelb. Brustabschnitt auf dem Rücken schwarzbraun behaart.

Verbreitung: Weit verbreitet, aber nur mäßig häufig.

Lebensraum: Magerrasen, Sand- und Lehmgruben, Binnendünen, strukturreiche Weinbergbrachen, trockenwarme Ruderalstellen. Regelmäßig auch im Siedlungsbereich (Ruderalstellen, Gärten).

Nistweise: Nistet in vorhandenen Hohlräumen von niedrigen oder höheren vertikalen Erdaufschlüssen (Sand, Löss, Lehm), in verlassenen Nestern von Pelzbienen (*Anthophora*), in Mörtelfugen von Gemäuern, in Ritzen von Trockenmauern, in Strangfalziegeln. Nimmt auch Bohrungen in Holz und Bambusröhrchen an. Bevorzugter Durchmesser 6 mm. Die zylinderförmigen, auffallend dickwandigen, in der Regel linear angeordneten Brutzellen werden aus Mörtel (Lehm, Sand) gebaut und innen mit einer glänzenden Harzschicht ausgekleidet.

Blütenbesuch: Oligolektisch und auf Schmetterlingsblütler (Fabaceae) als Pollenquellen spezialisiert. Die wichtigsten Pollenquellen im Siedlungsraum sind: Gewöhnlicher Hornklee (*Lotus corniculatus*), Breitblättrige Platterbse (*Lathyrus latifolius*), Wald-Platterbse (*Lathyrus sylvestris*), Blasenstrauch (*Colutea arborescens*). Seit die Breitblättrige Platterbse (Staudenwicke) in den Gärten als Zierpflanze kultiviert wird, hat diese Mörtelbiene im Siedlungsbereich deutlich zugenommen.

Phänologie: Eine Generation im Jahr. Flugzeit von Ende Mai bis Mitte August. Überwinterung als Ruhelarve.

Weibchen am Nest.

Ein Weibchen mit Pollen in der Bauchbürste beim Anflug an sein Nest im Bambusröhrchen.

Das in obigem Bambusröhrchen gebaute Nest zeigt die Verwendung von mineralischem Mörtel (Lehm) für die ohne sichtbare Grenze aneinandergereihten, dickwandigen Brutzellen.

In den Gärten kann man die auf Schmetterlingsblütler spezialisierte Platterbsen-Mörtelbiene z.B. durch die Pflanzung eines Blasenstrauchs (*Colutea arborescens*) fördern.

Der Blick in eine im Bau befindliche Brutzelle zeigt die glasige Auskleidung mit Harz, dessen Herkunft ungeklärt ist

Coelioxys aurolimbata (Goldsaum-Kegelbiene)

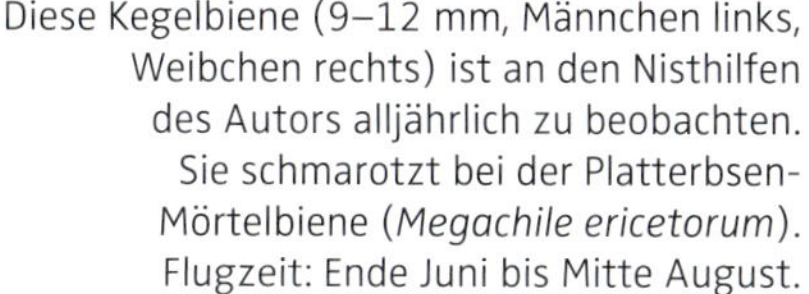

Diese Kegelbiene (9–12 mm, Männchen links, Weibchen rechts) ist an den Nisthilfen des Autors alljährlich zu beobachten. Sie schmarotzt bei der Platterbsen-Mörtelbiene (*Megachile ericetorum*). Flugzeit: Ende Juni bis Mitte August.

Megachile sculpturalis (Asiatische Mörtelbiene)

Männchen. 13–19 mm. Durch die Größe und das charakteristische Erscheinungsbild (Habitus) unverwechselbar.

Weibchen. 15–22 mm. Die größte an Nisthilfen für Hohlraumbesiedler auftretende Bienenart.

Verbreitung: Die ursprünglich in China beheimatete und vermutlich vor 2008 nach Südfrankreich eingeschleppte Art wurde erstmals 2015 auch in Deutschland nachgewiesen. Seither hat sie sich weiter ausgebreitet und kommt in Baden-Württemberg, Bayern, Hessen, Rheinland-Pfalz und im Saarland vor. Dort ist sie inzwischen wie in Österreich und in der Schweiz in vielen Dörfern und Städten anzutreffen. Eine weitere Ausbreitung in nördliche Bundesländer ist zu erwarten.

Lebensraum: Bislang nur im Siedlungsraum.

Nistweise: Nistet in vorhandenen Hohlräumen unterschiedlichster Art. Nimmt gerne Nisthilfen (Bohrungen in Holz oder Bambusröhren mit einem Innendurchmesser von 8–10 mm) an. Baumaterial im Innern des Hohlraums sind Harz sowie Holzstückchen, Flechten und andere Kleinteile. Der Nestverschluss besteht aus Harz, das mit Lehm oder lehmigem Sand überdeckt wird.

Blütenbesuch: Polylektische Art, die den Japanischen Schnurbaum (*Styphnolobium japonicum*, Fabaceae) deutlich bevorzugt. Weitere Pollenquellen: Buchengewächse: Esskastanie (*Castanea sativa*); Malvengewächse: Chinesischer Parasolbaum (*Firmiana simplex*); Ölbaumgewächse: Liguster (*Ligustrum vulgare*); Rautengewächse: Samthaarige Stinkesche (*Tetradia daniellii*).

Phänologie: Eine Generation im Jahr. Flugzeit von Ende Juni bis Mitte September. Überwinterung als Ruhelarve.

Der Japanische Schnurbaum (*Styphnolobium japonicum*) wird als Pollenquelle deutlich bevorzugt.

Drei Nester von *Megachile sculpturalis* in einem Beobachtungskasten (die Glasplatte wurde entfernt, siehe S. 123). Die Brutzellen sind ringsum mit Harz mehr oder weniger vollständig ausgekleidet. Zum Nesteingang hin werden Erdbröckchen und andere Kleinteile angehäuft.

Brutzelle mit dem großen Bienenei auf dem Larvenproviant mit dem Pollen des Japanischen Schnurbaums.

Mit Harz und Lehm werden die Nester verschlossen.

Männchen an einem Nistblock.

Weibchen beim Verschließen des Nestes.

Weitere Wildbienen als Besiedler vorhandener Hohlräume

Chelostoma campanularum **(Scherenbienenart)**
Die etwa 6 mm große Art (hier ein Weibchen) ist zwar in Gärten an Glockenblumen regelmäßig zu beobachten, an Nisthilfen aber meist nur vereinzelt zu sehen. Ihr sehr ähnlich ist *Chelostoma distinctum*, die aber 3–4 Wochen früher fliegt.
Flugzeit: Anfang Juni bis Ende August.
Gangdurchmesser: 2–2,5 mm.
Baumaterial: Lehm.
Pollenquellen: Glockenblumen (*Campanula*).
Synonym: *Osmia campanularum*.

Osmia leaiana **(Mauerbienenart)**
Weibchen (hier im Bild) mit fuchsroter Bauchbürste. Selten in Nisthilfen.
Flugzeit: Mitte Mai bis Mitte August.
Gangdurchmesser: 5 mm.
Baumaterial: Pflanzenmörtel (zerkaute Blätter).
Pollenquellen: ausschließlich Korbblütler, vor allem Disteln und Flockenblumen.
Selten auch die ähnliche *Osmia niveata*.

Megachile versicolor **(Blattschneiderbienenart)**
Männchen (links) nicht von ähnlichen Arten zu unterscheiden. Weibchen (rechts) ähnlich *Megachile centuncularis*. Bauchbürste rostrot, am Ende schwarz.
Flugzeit: Juni und Juli; im August und September eine partielle 2. Generation.
Gangdurchmesser: 5–7 mm.
Baumaterial: Ausschnitte von Laubblättern.
Pollenquellen: Mehrere Pflanzenfamilien.

Megachile centuncularis **(Blattschneiderbienenart)** (links)
Das Weibchen ähnlich *Megachile versicolor*, doch mit durchgehend rostroter Bauchbürste.

Megachile lapponica (rechts)
Ähnlich *Megachile centuncularis*.
Flugzeit: Anfang Juni bis Mitte August.
Gangdurchmesser: 6–7 mm.
Baumaterial: Blattstücke von Wald-Weidenröschen.
Pollenquelle: Wald-Weidenröschen.

Hylaeus communis **(Gewöhnliche Maskenbiene)**
Maskenbienen zeichnen sich durch weiße oder gelbe Gesichtszeichnungen aus, die beim Männchen ausgeprägter sind. Häufigste in Nisthilfen siedelnde Maskenbiene.
Flugzeit: Mitte Mai bis Anfang September.
Gangdurchmesser: 2–4 mm, bevorzugt 3 mm.
Baumaterial: Eigene Körpersekrete.
Pollenquellen: Mehrere Pflanzenfamilien.

Hylaeus difformis **(Maskenbienenart)**
Männchen (links): Fühlerschaft stark nach außen gebogen. Weibchen (rechts): Tergite 1–3 seitlich mit weißer Haarfranse.
Flugzeit: Mitte Mai bis Anfang September.
Gangdurchmesser: 2–4 mm, bevorzugt 3 mm.
Baumaterial: Eigene Körpersekrete.
Pollenquellen: Mehrere Pflanzenfamilien.
Auch die Reseden-Maskenbiene (*Hylaeus signatus*) und die Lauch-Maskenbiene (*Hylaeus punctulatissimus*) besiedeln Nisthilfen.

Wildbienen, die in Nisthilfen für Hohlraumbesiedler regelmäßig schlafen

Anthophora plumipes **(Frühlings-Pelzbiene)**
Männchen mit typischer, gelber Gesichtsfärbung und langen Haarfransen an den Mittelbeinen. Nutzt die für Hohlraumbesiedler gedachten Gänge oft zum Übernachten, die Weibchen nisten aber in der Erde.
Flugzeit: März bis Mai

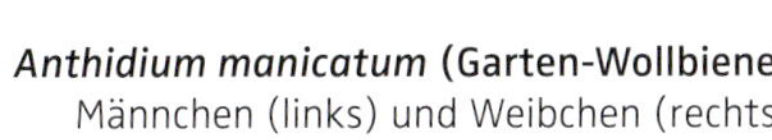

Anthidium manicatum **(Garten-Wollbiene)**
Männchen (links) und Weibchen (rechts) nutzen die für Hohlraumbesiedler gedachten Gänge oft zum Übernachten. Nistet in größeren Hohlräumen, z. B. Fensterrahmen.
Flugzeit: Mai bis August.
Pollenquellen: Lippenblütler, Schmetterlingsblütler.

Lebensbilder im Boden nistender Wildbienen

Colletes cunicularius (Frühlings-Seidenbiene)

Männchen. 11–14 mm. Im Gegensatz zu allen anderen heimischen *Colletes*-Arten ohne deutliche, helle Haarbinden auf den Tergiten.

Weibchen. 13–14 mm. Auch wenn die Art der Honigbiene und manchen größeren *Andrena*-Arten ähnelt, lässt sie sich im Feld durchaus bis zur Art ansprechen, zumal die charakteristisch kurze, zweilappige Zunge auch mit bloßem Auge sichtbar ist. Von robuster, plumper Gestalt.

Verbreitung: Weit verbreitet und mäßig häufig. Stellenweise auch im Siedlungsraum in hoher Populationsdichte.

Lebensraum: Da die Art als Pionier bevorzugt neu entstandene Sandflächen in den Flussauen besiedelt, liegen ihre Hauptvorkommen in Sandgebieten und dort in Sand- und Kiesgruben, auf Binnen- und Meeresdünen sowie auf Flugsandfeldern, auf Hochwasser- und Bahndämmen sowie in strukturreichen Feldfluren. Häufig auch im Siedlungsraum, wo Beachvolleyballplätze oder die von Gemeinden angelegten Bolzplätze und sogar Sprunggruben auf Sportplätzen in großer Zahl besiedelt werden. Nistet stellenweise auch in Lehmboden.

Nistweise: Nistet in selbstgegrabenen Gängen in der Erde, auf ebenen oder schwach geneigten, nur mäßig oder nicht bewachsenen Flächen; unter günstigen Bedingungen große Kolonien (Ansammlungen von mehreren tausend Nestern).

Blütenbesuch: Polylektische Art mit einer deutlichen Bevorzugung von Weiden (Weidengewächse): Grau-Weide (*Salix cinerea*), Sal-Weide (*Salix caprea*), Ohr-Weide (*Salix aurita*), Korb-Weide (*Salix viminalis*), Kriech-Weide (*Salix repens*), Bruch-Weide (*Salix fragilis*). Weitere Pollenquellen: Moschuskrautgewächse: Holunder (*Sambucus niger*); Stechpalmengewächse: Stechpalme (*Ilex*); Buchengewächse: Eiche (*Quercus*); Rosengewächse: Eberesche (*Sorbus aucuparia*), Gewöhnliche Traubenkirsche (*Prunus padus*), Lorbeerkirsche (*Prunus laurocerasus*), Birne (*Pyrus*), Apfel (*Malus*); Seifenbaumgewächse: Ahorn (Acer).

Kuckucksbiene: *Sphecodes albilabris* wird regelmäßig an den Nestern angetroffen (siehe Abbildungen S. 9 und 36).

Phänologie: Eine Generation im Jahr. Flugzeit von Mitte März bis Mai. Überwinterung als Imago.

Empfehlung: Im Siedlungsraum entstehende artenschutzrechtliche Probleme können durch vorübergehende Absperrungen des Nistplatzes mit gleichzeitiger Information der Bevölkerung gelöst werden.

Dieser Beachvolleyballplatz auf der Schwäbischen Alb wird seit Jahren von einer individuenreichen Population von *Colletes cunicularius* besiedelt. Die Nester befinden sich sowohl im Sand des Spielfelds als auch in den schütter bewachsenen angrenzenden Bereichen.

Nester von *Colletes cunicularius* werden oft dicht nebeneinander angelegt. Wenn sich der Nistplatz besonders eignet, entstehen Kolonien mit mehreren hundert bis mehreren tausend Nestern.

Auf der Böschung vor diesem Haus befindet sich ein Nistplatz mit mindestens 200 Nestern.

Sobald ein Weibchen aus dem Erdnest geschlüpft ist, stürzen sich zahlreiche Männchen darauf, aber nur einem gelingt es, sich mit dem Weibchen zu paaren.

Brutzelle von *Colletes cunicularius* mit Ei auf dem zähflüssigen Larvenproviant.

Colletes hederae (Efeu-Seidenbiene)

Männchen. 9–13 mm. Im Habitus am ehesten in frischem Zustand zu erkennen, wobei neben dem späten Erscheinen auch die intensiv rostrote Behaarung des Mesonotums und die bräunlichen Tergitbinden bei der Bestimmung helfen.

Weibchen. 9–14 mm. Frisch geschlüpfte Weibchen fallen durch ihre intensive rostrote Behaarung des Mesonotums und die bräunlichen Tergitbinden auf. Beim Besuch einer Seidenbiene an Efeu handelt es sich stets um *C. hederae*.

Verbreitung: Seit ihrer Entdeckung und Beschreibung im Jahr 1993 hat sich die zuvor schon in Südeuropa vorkommende Art in ganz Mitteleuropa ausgebreitet und mittlerweile auch den Norden Deutschlands erreicht. Sie ist inzwischen eine häufige Bienenart und kommt zerstreut auch in den Mittelgebirgen bis 900 m vor.

Lebensraum: Die meisten Vorkommen finden sich im Siedlungsraum: Gärten, Kindergärten, Parks, Friedhöfe. Außerhalb menschlicher Siedlungen in Weinbergen, lichten Wäldern und auf Binnendünen und Flugsandfeldern. Der Nistplatz kann weit entfernt vom Nahrungsraum liegen (Teilsiedler). Eine Bevorzugung oder gar Bindung an einen bestimmten Lebensraumtyp ist nicht erkennbar. Besiedelt wird auch lichter Wald, doch gibt es die meisten Vorkommen im Offenland: inmitten von Weinbergen, auf Friedhöfen, auf Feldwegen, in Parkanlagen, in Gärten sowie auf sandigen Spielplätzen und in Sandkästen in Kindergärten. Dabei ist bemerkenswert, dass *Colletes hederae* in völlig unterschiedlichen Substraten nisten und in kurzer Zeit individuenreiche Populationen entwickeln kann. Folgende Substrate werden besiedelt: Sande (Flugsand, Verwitterungssande), Löss, Lehm, humose Gartenerde. Somit sehr flexibel in der Wahl des Nistsubstrats.

Nistweise: Solitäre Art, die in selbstgegrabenen Hohlräumen in der Erde nistet. Häufig in Steilwänden (v.a. Löss), aber auch in horizontalen Flächen, die vegetationsfrei, aber auch dicht bewachsen (Parkrasen) sein können. Vielfach werden auch ungewöhnliche Nistgelegenheiten wie Sandkästen in Kindergärten genutzt. Oft in kleineren bis sehr großen Kolonien (mehrere hundert bis mehrere tausend Nester). Die Brutzellen liegen in Sandkästen überwiegend 18–22 cm (vereinzelt 13–42 cm) tief im Substrat. Kühle Lufttemperaturen scheinen die Weibchen nicht daran zu hindern, ihren Nistaktivitäten nachzugehen, sofern es nicht gerade stark regnet. Mehrfach fand der Autor im September und Oktober mit Pollen heimkehrende Weibchen bei einer Lufttemperatur von 10 °C.

Blütenbesuch: Eingeschränkt oligolektische, *Hedera* (Efeu, Efeugewächse) deutlich bevorzugende Art. Hauptpollenquelle ist der Gewöhnliche Efeu (*Hedera helix*). Vor und vereinzelt auch während der Efeublüte werden auch Pollenquellen anderer Pflanzenfamilien genutzt (Kreuzblütler, Korbblütler, Sommerwurzgewächse, Schmetterlingsblütler, Heidekrautgewächse, Sumachgewächse). Auch die Männchen bevorzugen Efeu, nutzen aber auch eine Vielzahl weiterer Pflanzenarten als Nektarquellen.

Kuckucksbienen: Regelmäßig ist an südwestdeutschen Kolonien die erst seit 2015 in Deutschland bekannte Schwarzbeinige Filzbiene (*Epeolus fallax*) anzutreffen. Vereinzelt wurden auch *Epeolus cruciger* und *Epeolus variegatus* an den Nistplätzen beobachtet.

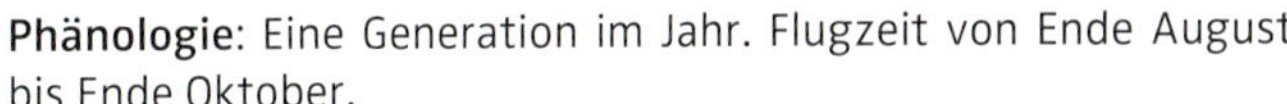

Phänologie: Eine Generation im Jahr. Flugzeit von Ende August bis Ende Oktober.

Empfehlung: Im Siedlungsraum den Nistplatz bis zum Ende der Brutzeit falls nötig vor dem Betreten schützen. Eine Infotafel erläutert den Grund der Maßnahme.

Auch bei *Colletes hederae* versuchen viele Männchen gleichzeitig, sich mit einem soeben geschlüpften Weibchen zu paaren.

Die Paarung von *Colletes hederae*, hier auf einem Finger des Autors, dauert im Durchschnitt 6–7 Minuten. Oft schleppt das Weibchen das Männchen mit oder fliegt mit ihm weg.

Dieser mitten in den Weinbergen liegende Steilhang im Kaiserstuhl ist seit Jahren von mehreren hundert Weibchen besiedelt.

Nistplatz mit 35 Nestern unweit der Altstadt von Tübingen. Die Weibchen nisteten in dem dunkelbraunen, humosen Gartenboden zwischen dem Plattenweg und dem Metallzaun (3. September).

Mit Baustellenband gekennzeichneter Nistplatz im sandigen Spielplatz eines Kindergartens. Hier wurden 42 Nester von *Colletes hederae* gefunden. Die Kinder haben die Absperrung respektiert (22. September).

Niedrige wie hohe Steilwände werden besonders gern besiedelt. Auf diesem Bild sind 16 Nesteingänge zu sehen.

Ein frisch geschlüpftes Männchen verköstigt sich, indem es mit seiner kurzen Zunge den Nektar von der Diskusscheibe der Efeublüte ableckt.

Das Weibchen läuft hurtig über die Blütenstände des Efeus und erntet quasi im Vorbeigehen den hellgelben Pollen von den Staubbeuteln.

Ein Weibchen von *Colletes hederae* ist gerade von seinem Sammelflug zurückgekehrt und wird gleich mit Pollen reich beladen in den Gang schlüpfen, von dem eine bis mehrere Brutzellen seitlich abgehen.

Vom Autor freigelegte, nahezu senkrecht liegende Brutzellen. Die ca. 8 mm breiten und 15 mm langen Zellen können nahezu senkrecht, schwach geneigt, aber auch fast waagrecht liegen.

Die Brutzellen werden bei den Seidenbienen mit einer sehr dünnen, durchscheinenden, cellophanartigen („seidigen") Membran ausgekleidet.

Die Schwarzbeinige Filzbiene (*Epeolus fallax*, links) und die Gewöhnliche Filzbiene (*Epeolus variegatus*, rechts) sind Brutparasiten von *Colletes hederae*. *Epeolus fallax* ist bislang nur kleinräumig im südlichen Oberrheingraben verbreitet.

Colletes daviesanus (Buckel-Seidenbiene)

Männchen. 7–10 mm. Im Feld nicht von ähnlich aussehenden *Colletes*-Arten zu unterscheiden.

Weibchen. 7–10 mm. Mit schwacher, glänzender Erhebung auf dem Bruststück (Thorax). Im Feld nur mit Erfahrung von anderen auf Korbblütler spezialisierten *Colletes*-Arten zu unterscheiden.

Verbreitung: Weit verbreitet und häufig. Vom Flachland bis in die Mittelgebirge (1400 m).

Lebensraum: Sand-, Kies- und Lehmgruben, Sandsteinbrüche, von Lösswänden durchzogene Feldfluren und Weinberge, Kahlschläge, Dörfer und Städte. Nistplätze sind vorwiegend niedrige bis hohe Steilwände. Hauptfaktor für die Anlage der Nestbauten sind hinsichtlich Korngröße und Verfestigung geeignete Substrate, z.B. wenig verfestigte Sandsteine des Mittleren Buntsandsteins, Keuper-, Dogger- und Molassesandsteine, Primärlöss (Kaiserstuhl, Kraichgau), vulkanische Gesteine (locker bis mäßig verfestigte, feinkörnige Aschentuffe der Eifel), Podsolböden des Quartärs (Norddeutschland); im Siedlungsbereich werden auch lehm- bzw. kalkmörtelverfugte Mauern und Sandsteingemäuer genutzt, deren lokal starke Besiedlung zu Gebäudeschäden führen kann. Nahrungsräume sind in erster Linie Ruderalstellen, im Siedlungsbereich auch Gärten.

Nistweise: Nistet in selbstgegrabenen Hohlräumen, die meist mindestens zweimal hintereinander benutzt werden, bisweilen in größeren Kolonien (mehrere tausend Nester). Die linearen, gelegentlich gebogenen Nester bestehen aus horizontalen Röhren von 5–7 mm Weite und durchschnittlich 8–15 (4–10) mm Länge, die sich vereinzelt bis häufig im hinteren Teil gabeln. Sie enthalten 2–6, manchmal 10 tütenförmig ineinander steckende Brutzellen, die zellophanartig mit einem Sekret ausgekleidet sind. Die Gangachse der Bauten orientiert sich häufig nach der Einfallsrichtung der Morgensonne.

Blütenbesuch: Oligolektische, auf Korbblütler spezialisierte Art. Pollenquellen: Rainfarn (*Tanacetum vulgare*), Mutterkraut (*Tanacetum parthenium*), Färber-Hundskamille (*Anthemis tinctoria*), Wiesen-Schafgarbe (*Achillea millefolium*), Gold-Garbe (*Achillea filipendulina*), Geruchlose Kamille (*Tripleurospermum perforatum*), Jakobs-Greiskraut (*Senecio jacobaea*), Einjähriger Feinstrahl (*Erigeron annuus*), Sand-Strohblume (*Helichrysum arenarium*). Wichtigste Pollenquelle ist der Rainfarn. Korbblütler sind auch die fast ausschließlichen Nektarquellen beider Geschlechter.

Kuckucksbiene: *Epeolus variegatus*.

Phänologie: Eine Generation im Jahr (univoltin). Flugzeit von Anfang Juni bis Ende August. Überwinterung als Ruhelarve.

Ein Weibchen sammelt auf Rainfarn, seiner Lieblingspollenquelle.

Dieser Sandstein wird bereits seit 20 Jahren von *Colletes daviesanus* besiedelt und ist durch Grabtätigkeiten schon deutlich ausgehöhlt.

Dieser Lössbrocken wurde von zwölf Weibchen von *Colletes daviesanus* spontan besiedelt, nachdem ich ihn an der Ostseite des Hauses abgelegt hatte.

Eine Brutzelle am Ende eines gebogenen Grabganges.

Anthophora plumipes (Frühlings-Pelzbiene)

Männchen. 14–15 mm. Mitteltarsen sehr verlängert, auf der hinteren Seite mit sehr langen Fransen. Schienensporne schwarz. Thorax und Segment 1–3 braungelb, am Endrand mit helleren Haaren.

Weibchen. 14–15 mm. Braun behaart, Kopf und Hinterleibsende dunkler. Selten ganz schwarz. Tergite 2 und 3 am Ende mit schwachen, helleren Binden. Schienenbürste rostrot. Schienensporne schwarz.

Verbreitung: Weit verbreitet und häufig von der Ebene bis in die mittleren Gebirgslagen.

Lebensraum: Steilwandige Flussufer, Sand-, Kies- und Lehmgruben, mit Trockenmauern oder Lösswänden durchsetzte Weinberge sowie Dörfer und Städte. Nistplätze sind Steilwände und Abbruchkanten (Sand, Löss, Lehm), Trockenmauern und unverputzte Wände von alten Häusern, Scheunen und Ställen, deren Fugen mit Kalkmörtel oder Lehm verfugt sind. Gelegentlich auch im Inneren von Gebäuden. Nistplatz und Nahrungsraum sind stets räumlich getrennt und liegen bisweilen 100 m und mehr auseinander.

Nistweise: Nistet in selbstgegrabenen Hohlräumen in der Erde, unter günstigen Umständen in Kolonien (Ansammlungen von 150 und mehr Nestern). Die Wände der Brutzellen werden aus einem lehmigen Mörtel gebaut. Gelegentlich ragt der Eingang mehrere Millimeter turmförmig aus dem Boden. Die Brutzellen liegen meist nur 3–5 cm, maximal 10 cm tief. Oft liegen 2–3 sich verzweigende Gänge hinter dem Nesteingang. Die Anordnung der länglich-eiförmigen Brutzellen ist linear oder unregelmäßig. Die Innenwände werden mit einem Sekret ausgekleidet. Das Ergebnis ist eine weiße, wachsartige Beschichtung. Der Nahrungsbrei besteht aus zwei Komponenten, die sich mehr oder weniger miteinander mischen. Der untere, breiartige Teil besteht vorwiegend aus Pollen, dem eine gewisse Menge Nektar beigemengt ist. Darüber befindet sich der flüssige Bestandteil, der nur kleine Mengen Pollen enthält, so dass das Ei und später die junge Larve zunächst auf einem dünnflüssigen Futter schwimmen.

Blütenbesuch: Ausgesprochen polylektische Art, die Vertreter von 14 Pflanzenfamilien nutzt. Bevorzugte Pollenquellen: Borretschgewächse: Gewöhnliches und Dunkles Lungenkraut (*Pulmonaria officinalis*, *Pulmonaria obscura*), Gewöhnliche Ochsenzunge (*Anchusa officinalis*); Lippenblütler: Gundelrebe (*Glechoma hederacea*), Gefleckte Taubnessel (*Lamium maculatum*), Weiße Taubnessel (*Lamium album*), Rote Taubnessel (*Lamium purpureum*), Kriechender Günsel (*Ajuga reptans*). Weitere Pollenquellen sind: Berberitzengewächse, Schmetterlingsblütler, Liliengewächse, Mohngewächse, Wegerichgewächse, Primelgewächse, Rosengewächse, Seifenbaumgewächse. Die Männchen patrouillieren im Siedlungsbereich besonders häufig um die Polster von Blaukissen (*Aubrieta deltoidea*).

Kuckucksbiene: Regelmäßig an den Nestern anzutreffen ist die ebenfalls häufige *Melecta albifrons*.

Phänologie: Eine Generation im Jahr. Flugzeit von Anfang April bis Anfang Juni. Die Männchen erscheinen rund 3 Wochen vor den Weibchen. Überwinterung in der Brutzelle als Imago (Vollinsekt).

Horizontaler Nistplatz mit ca. 80 Nestern in einem überdachten und daher regengeschützten Teil einer mit Erde gefüllten Stützmauer. Der weiße Behälter ist für Abfälle und Zigarettenkippen gedacht. Die Bienen nisten selbst unter diesem Behälter.

Hier hatten mehrere Weibchen in einem gegen Regen geschützten, mit Erde gefüllten Pflanzkübel 13 Nester angelegt.

Links: Der Nesteingang ragt manchmal bis zu 1cm weit türmchenartig aus dem Boden. Auch die im Boden liegenden Brutzellen werden gemörtelt, wozu die Pelzbiene frühmorgens Wasser zum Aufweichen der Erde sammelt. Mitte: Ein Weibchen ist gerade von einem Sammelfug zurückgekommen, um den an der Gefleckten Taubnessel (*Lamium maculatum*) gesammelten Pollen abzuladen. Rechts: In einer während des Winters geöffneten Brutzelle liegt bereits das voll entwickelte, schlüpfbereite Männchen. Die Zelle wurde aus dem Boden herausgelöst. Man sieht, dass sie „richtig" gemörtelt wurde. Am rechten Rand der Öffnung ist die weiße, hautartige Auskleidung zu sehen.

Ein Weibchen bei der Pollenernte am Blaukissen (*Aubrieta deltoidea*).

Die Gewöhnliche Trauerbiene (*Melecta albifrons*) ist als Brutparasit regelmäßg an den Nestern zu beobachten

Megachile willughbiella (Garten-Blattschneiderbiene)

Männchen. 12–15 mm. Im Feld nicht von ähnlichen *Megachile*-Arten mit verbreiterten Vordertarsen zu unterscheiden. Nur der Lebensraum gibt gewisse Hinweise auf die Art.

Weibchen. 12–15 mm. Im Feld kaum von ähnlichen *Megachile*-Arten mit schmalen Tergitbinden und ähnlicher Bauchbürste zu unterscheiden. Die Bauchbürste auf den Sterniten 1–4 ist dunkelrot, auf den Sterniten 5 und 6 und auf den Seiten von 4 schwarz.

Verbreitung: Nahezu flächendeckend verbreitet und häufig; von der Ebene bis in die höheren Lagen der Gebirge.

Lebensraum: Waldränder und -lichtungen, häufig auch im Siedlungsbereich (Gärten und Parks). Als Nistplätze dienen morsche Baumstümpfe und Balken von Holzschuppen, Lösswände, Trockenmauern, Blumentöpfe und -kästen, Pflanzkübel und nackte Bodenstellen.

Nistweise: Nistet in selbstgegrabenen Gängen in morschem Holz oder in der Erde, aber auch in vorhandenen Hohlräumen, z.B. in Fraßgängen in totem Holz, unter Rinde, in verlassenen Nestern von Pelzbienen (*Anthophora*), in Fugen von Fachwerkwänden und Trockenmauern. Gelegentlich benutzen mehrere Weibchen das gleiche Einflugloch. Besiedelt auch Nisthilfen, z.B. Bohrungen in Holz oder Bambusrohr (Innendurchmesser 6 mm). Die Brutzellen werden aus Blattstücken von Wildrosen (*Rosa*), Hainbuche (*Carpinus betulus*), Eiche (*Quercus*), Robinie (*Robinia*) oder Glyzinie (*Wistera sinensis*) gefertigt.

Blütenbesuch: Polylektische Art. Pollenquellen: Korbblütler: Gewöhnliche Kratzdistel (*Cirsium vulgare*); Borretschgewächse: Borretsch (*Borago officinalis*); Glockenblumengewächse: Rundblättrige Glockenblume (*Campanula rotundifolia*), Pfirsichblättrige Glockenblume (*Campanula persicifolia*), Nesselblättrige Glockenblume (*Campanula trachelium*), Borstige Glockenblume (*Campanula cervicaria*), Marien-Glockenblume (*Campanula medium*), *Campanula carpatica*, *Campanula isophylla*, *Campanula poscharskyana*, Kugel-Teufelskralle (*Phyteuma orbiculare*); Dickblattgewächse: Felsen-Fetthenne (*Sedum rupestre*); Schmetterlingsblütler: Gewöhnlicher Hornklee (*Lotus corniculatus*), Dornige Hauhechel (*Ononis spinosa*), Kriechende Hauhechel (*Ononis repens*), Färber-Ginster (*Genista tinctoria*), Knollen-Platterbse (*Lathyrus tuberosus*), Wiesen-Platterbse (*Lathyrus pratensis*), Breitblättrige Platterbse (*Lathyrus latifolius*), Weiß-Klee (*Trifolium repens*), Gewöhnlicher Wundklee (*Anthyllis vulneraria*); Nachtkerzengewächse: Wald-Weidenröschen (*Epilobium angustifolium*). Glockenblumen (*Campanula*) werden deutlich bevorzugt.

Kuckucksbiene: Kegelbienen *Coelioxys conica* und *Coelioxys elongata*.

Phänologie: In höheren Lagen eine Generation im Jahr, ansonsten zumindest teilweise zwei Generationen. Flugzeit von Anfang Mai bis Anfang September. Überwinterung als Ruhelarve im Kokon.

Regelmäßig nistet die Art unter Steinen oder in der Erde in selbstgegrabenen Höhlungen.

Auch Blumentöpfe werden als Nistplatz genutzt. Hier kommt ein Weibchen mit einem länglichen Blattstück, das es unter dem Körper im Flug transportiert, zum Nest zurück.

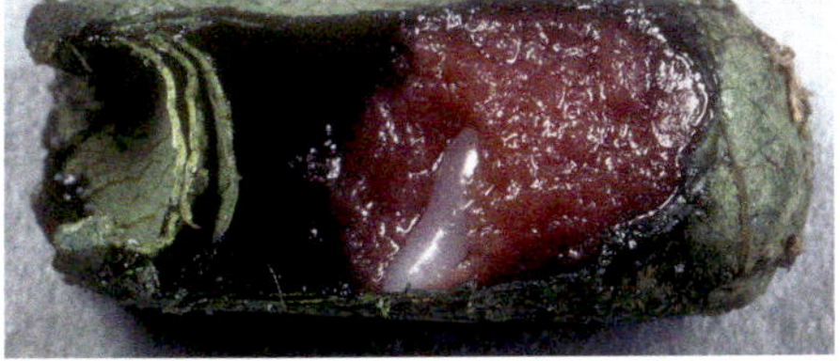

Oben: Ein Nest in der Erde mit drei Brutzellen. Unten: Aufpräparierte Brutzelle. Der Larvenproviant besteht außer Nektar zu 100 % aus Pollen des Wald-Weidenröschens (*Epilobium angustifolium*).

Oben: Weibchen beim Anflug an eine Glockenblume. Unten: Pollenernte an Dorniger Hauhechel (*Ononis spinosa*).

Halictus scabiosae (Gelbbindige Furchenbiene)

Männchen. 12–14 mm. In frischem Zustand mit ockergelben Tergitbinden und filziger Behaarung an der Tergitbasis. Die Fühler der Männchen sind überwiegend dunkelbraun (bei *Halictus sexcinctus* teilweise rostrot).

Weibchen. 12–14 mm. Durch ockergelbe Tergitbinden und eine auffällige filzige Behaarung an der Basis der Tergite von *Halictus sexcinctus* zu unterscheiden.

Verbreitung: In Deutschland seit etwa 1990 in deutlicher Ausbreitung bis in höhere Lagen (1000 m) und vielerorts häufig.

Lebensraum: Ruderalstellen trockenwarmer Standorte mit offenen Bodenstellen, Sand- und Lehmgruben, aber auch im Siedlungsbereich in Gewerbegebieten und in Gärten.

Nistweise: Nistet in selbstgegrabenen Hohlräumen in der Erde, unter günstigen Bedingungen in größeren Kolonien. Begattete Weibchen überwintern gemeinschaftlich in ihrem Geburtsnest und formen Gemeinschaften mit mehreren begatteten Weibchen im folgenden Frühling (ab Mitte April). Eins der Weibchen übernimmt die Rolle der Eierlegerin, während die anderen zu Hilfsweibchen werden. Der Nesteingang wird vom Hauptweibchen bewacht. Wenn sich solche Frühlingsgemeinschaften, ausgelöst durch die starke Nestbewachung dieses Hauptweibchens, auflösen, gründen die Hilfsweibchen eigene Nester. Sie graben entweder eigene Gänge oder benutzen die Nester anderer Arten.

Kuckucksbienen: Buckelbiene *Sphecodes gibbus*.

Blütenbesuch: Polylektische Art, die Korbblütler deutlich bevorzugt. Pollenquellen: Korbblütler: Gewöhnliche Kratzdistel (*Cirsium vulgare*), Wiesen-Flockenblume (*Centaurea jacea*), Skabiosen-Flockenblume (*Centaurea scabiosa*), Sonnenwend-Flockenblume (*Centaurea solstitialis*), Rispen-Flockenblume (*Centaurea stoebe*), Kornblume (*Centaurea cyanus*), Kugeldistel (*Echinops sphaerocephalus*), Wegwarte (*Cichorium intybus*), Gewöhnliches Bitterkraut (*Picris hieracioides*), Gewöhnliches Ferkelkraut (*Hypochoeris radicata*), Grüner Pippau (*Crepis capillaris*); Glockenblumengewächse: Berg-Sandrapunzel (*Jasione montana*); Geißblattgewächse: Wiesen-Witwenblume (*Knautia arvensis*), Tauben-Skabiose (*Scabiosa columbaria*); Windengewächse: Acker-Winde (*Convolvulus arvensis*), Zaun-Winde (*Calystegia sepium*); Sperrkrautgewächse: Blaues Sperrkraut (*Galia capitata*); Tamariskengewächse: Französische Tamariske (*Tamarix gallica*).

Phänologie: Die überwinterten Weibchen erscheinen Mitte April, die Männchen fliegen ab Mitte Juli.

Die Buckelbiene *Sphecodes gibbus* ist ein Brutparasit von *Halictus scabiosae*. Hier ist ein Weibchen zu sehen.

Ein typischer Nistplatz im Siedlungsbereich: offener, festgetretener Boden vor einem Fußballtor.

Mehrere Nesteingänge mit Erdauswürfen auf einer Böschung.

Hier wird das ergiebige Pollenangebot des Klatsch-Mohns (*Papaver rhoeas*, oben) gesammelt. Dieses und die beiden nebenstehenden Fotos vor dem Nest zeigen deutlich, dass diese Furchenbiene ein Pollengeneralist ist.

Weitere im Boden nistende Wildbienen

Schon im März ist die Zweifarbige Sandbiene (*Andrena bicolor*) im Garten auf der Suche nach einem Nistplatz im Boden, bisweilen auch in Pflanzkübeln. Rotbraune Brustoberseite, schwarze Gesichtsbehaarung und rostrote Schienenbürste sind ihre Kennzeichen.

Anfang April erscheint die Fuchsrote Sandbiene (*Andrena fulva*). Sie ist durch die dichte fuchsrote Behaarung von Brust und Hinterleib unverkennbar. Vegetationsarme Stellen unter Bäumen sind beliebte Nistplätze.

Auch die Aschgraue Sandbiene (*Andrena cineraria*) ist an ihrer Färbung, insbesondere durch die schwarze Querbinde, gut zu erkennen. Die Art erscheint im April.

Nachdem das *Andrena-cineraria*-Weibchen den Pollen im Bodennest deponiert hat, startet es erneut zu einem Sammelflug. Manchmal finden sich größere Kolonien in Rasenflächen von Parks und Gärten.

Gleich zwei Weibchen der Zweizelligen Sandbiene (*Andrena lagopus*) sammeln hier am Ackersenf (*Sinapis arvensis*) Pollen. Diese Art ähnelt *Andrena haemorrhoa*, doch ist ihr Thorax braun behaart, die Haarbinden auf den Tergiten sind schmal und in der Mitte breit unterbrochen.

Wer Glockenblumen (*Campanula*) kultiviert, lockt damit die seltene Braunschuppige Sandbiene (*Andrena curvungula*) in seinen Garten. Durch rostbraune, schuppenartige Behaarung der Brustoberseite gut kenntlich.

Stellenweise ist auch die Blauschillernde Sandbiene (*Andrena agilissima*) im Siedlungsbereich anzutreffen. Ihre Kennzeichen sind der schwarzblau glänzende Hinterleib und die stark verdunkelten, blau schillernden Flügel.

Die Sandbiene *Andrena nitida* ist im Garten eine der häufigsten Frühlingsbienen. Die Weibchen sind an der rotbraunen Brustoberseite, den weißen Brustseiten und den nur schwach behaarten Hinterleibssegmenten zu erkennen.

Die teilweise rote Färbung des Hinterleibs ist neben der Größe von 7–9 mm ein gut sichtbares Kennzeichen der Sandbiene *Andrena labiata*, hier ein Weibchen.

Die Kultur von Glockenblumen (*Campanula*) in den Gärten hat die Ausbreitung der Glockenblumen-Schmalbiene (*Lasioglossum costulatum*, hier ein Weibchen) bis in die Mittelgebirgsregionen unterstützt.

Das Weibchen der Spalten-Wollbiene (*Anthidium oblongatum*) ähnelt der Garten-Wollbiene (*Anthidium manicatum*) sehr. Rostrote statt gelbe Beine sind ein gutes Unterscheidungsmerkmal. Die Art nistet gerne in Erdspalten und Mauerfugen.

Grüne Komplexaugen, hellgelbe Flecken, eine weiße Bauchbürste und rostrote Metatarsen der Vorder- und Mittelbeine kennzeichnen das Weibchen der Weißfleckigen Wollbiene (*Anthidium punctatum*).

In Gärten ist die Gewöhnliche Furchenbiene (*Halictus tumulorum*) die häufigste Furchenbienenart. Hier sammelt ein Weibchen am Rot-Klee (*Trifoliium pratense*).

Wenn im Garten Weibchen mit Goldschimmer und grünen Komplexaugen zu sehen sind, handelt es sich meistens um die Gold-Furchenbiene (*Halictus subauratus*), hier auf Jakobs-Kreuzkraut (*Senecio jacobaea*).

Grüne Komplexaugen hat auch die Vierfleck-Pelzbiene (*Anthophora quadrimaculata*). Diese Art besucht wie das hier zu sehende Weibchen besonders gerne die Katzenminze (*Nepeta × fassenii*).

Bei *Anthophora quadrimaculata* und anderen *Anthophora*-Arten schmarotzt die Fleckenbiene *Thyreus orbatus*. In jüngster Zeit wurde sie mehrfach auch in Gärten nachgewiesen.

Die Feuer-Goldwespe (*Chrysis ignita* agg.) tritt an den meisten Nisthilfen auf, da sie bei solitären Faltenwespen schmarotzt. Ihr Hauptwirt ist *Ancistrocerus nigricornis*. Schon im April kann man die ersten Exemplare dieses metallisch bunt gefärbten Hautflüglers beobachten.

Weitere Nutznießer der Nisthilfen

Mit allen Maßnahmen der Förderung von Wildbienen verbessern wir gleichzeitig auch die Lebensbedingungen vieler anderer Insekten, insbesondere anderer Stechimmen und ihrer Gegenspieler (Brut- und Raubparasiten, Mitesser). Einige wurden bereits auf den vorhergehenden Seiten erwähnt oder abgebildet. Von dem besseren Nahrungsangebot im Garten und unseren Nisthilfen profitieren somit sehr verschiedene Arten. Auch aus diesem Grund kann es ungemein spannend sein, dem Treiben und den so unterschiedlichen Brutfürsorgehandlungen an unseren Nisthilfen zuzuschauen, vorausgesetzt, diese entsprechen den Ansprüchen dieser Arten.

Grabwespen

Trypoxylon figulus – Crabronidae
Diese schwarze, schlanke Grabwespe trägt als Beutetiere Spinnen ein. Sie nistet in Gängen mit einem Durchmesser von 3–5 mm. Ohne optische Hilfsmittel nicht von den verwandten Arten *Trypoxylon minus* und *Trypoxylon medium* zu unterscheiden.

Psenulus fuscipennis – Pemphredonidae
Diese Grabwespe versorgt ihre Brutzellen mit 16–47 Blattläusen (*Cinara* spec.). Die Zellwände und Zwischenwände sind wie die ganze Niströhre mit einer dünnen Schicht bläulichen Sekrets ausgekleidet. Die besiedelten Schilfhalme und Bohrgänge haben einen Innendurchmesser von 3–5 mm.

Passaloecus eremita – Pemphredonidae
Die recht unscheinbare, blattlausjagende Grabwespe nutzt Bohrungen von 3–4 mm (vor allem in der Nähe von Waldrändern). Die Nester sind leicht von denen anderer *Passaloecus*-Arten zu unterscheiden: Für den Bau der Zwischenwände und den Nestverschluss wird Kiefernharz verwendet. Der frische Nestverschluss ist weißlich und wird nach dem Aushärten matt und gelb. Schon vor Beginn der Verproviantierung des Nestes wird der Nesteingang ringsum mit Harztröpfchen versehen.

Solitäre Faltenwespen, Wegwespen

A *Ancistrocerus nigricornis* – Vespidae
Mehrere Arten solitärer Faltenwespen sind als Besiedler von Nisthilfen bekannt. Hierzu gehören vor allem Vertreter der Gattungen *Ancistrocerus*, *Euodynerus*, *Microdynerus* und *Symmorphus*. Als Nahrung für ihre Brut tragen sie gelähmte Raupen von Kleinschmetterlingen oder Larven von Rüsselkäfern oder Blattkäfern ein. Die hier abgebildete Art nistet vorwiegend in Gängen mit einem Durchmesser von 4–5 mm. Sie besiedelt sowohl Bambusröhrchen als auch Bohrungen in trockenem Holz. Beutetiere sind Kleinschmetterlingsraupen.

B *Symmorphus* – Vespidae
In Nisthilfen nisten mehrere Arten dieser Gattung, die entweder Blattkäferlarven oder Kleinschmetterlingsraupen eintragen.

C *Dipogon hircanum* – Pompilidae
Wegwespen sind Spinnenjäger. Diese Art nistet in allerlei vorhandenen Hohlräumen.

D *Odynerus spinipes* – Vespidae
Diese solitäre Faltenwespe besiedelt auch kleine Steilwände aus Löss und Lehm und trägt Rüsselkäferlarven in das Nest mit dem typischen wasserhahnähnlichen Vorbau ein.

Schlupfwespen, Schmalbauchwespen

Ephialtes manifestator – Ichneumonidae

Diese Schlupfwespe ist ein Parasitoid (Raubparasit) vorwiegend bestimmter *Chelostoma*-Arten, insbesondere von *Chelostoma florisomne* und *Chelostoma rapunculi*. Auf dem Foto ist zu erkennen, wie der Legebohrer in den Nestgang geführt wird, in dessen Innern sich Zellen von *Chelostoma florisomne* befinden. Das nach hinten weggeklappte Element ist die Bohrerscheide.

Perithous septemcinctorius – Ichneumonidae

Diese hübsche Schlupfwespe ist ein charakteristischer Schmarotzer von Grabwespen der Gattung *Passaloecus*. Sie ist an den Nisthillfen des Autors alljährlich zu beobachten.

Gasteruption assectator – Gasteruptionidae

Keulenartig verdickte Hinterschienen sind für Schmalbauchwespen typisch. Der Legebohrer des Weibchens kann je nach Art sehr kurz oder mehr als körperlang sein. Alle Arten der Gattung *Gasteruption* sind Futterparasiten von Wildbienen. In Mitteleuropa sind die Wirte der ca. 18 *Gasteruption*-Arten meist Maskenbienen (*Hylaeus*), aber auch Seidenbienen (*Colletes*), Scherenbienen (*Chelostoma*), Löcherbienen (*Heriades*), Mauerbienen (*Osmia*), Keulhornbienen (*Ceratina*) und Spiralhornbienen (*Systropha*).

Isodontia mexicana (Stahlblauer Grillenjäger)

Männchen. 13–18 mm. An Nisthilfen mit keinem anderen Hautflügler zu verwechseln.

Weibchen. 15–18 mm.

Verbreitung: Dieser schwarze Hautflügler mit bläulich schillernden Flügeln ist keine Wildbiene, sondern eine in Ausbreitung befindliche Grabwespe, die immer öfter auch in Nisthilfen anzutreffen ist und deshalb hier dargestellt wird. Ursprüngliche Heimat sind Mittelamerika, Mexiko und die USA. In den 1960er Jahren wurde die Art nach Südfrankreich eingeschleppt und hat sich seither bis nach Mittel- und Osteuropa sowie Großbritannien ausgebreitet.

Nistweise: Besiedelt besonders gerne Nisthilfen in Form von röhrenförmigen Hohlräumen, vor allem mit einem Durchmesser von 8–10 mm. Die Art fällt durch die Verwendung eines charakteristischen Baumaterials auf: dürre, aber auch grüne Grasblätter, die abgebissen und im Flug zum Nistplatz transportiert werden. Schon während des Nestbaus schauen oft einzelne Grasblätter aus dem Eingang heraus, aber wenn die Brutversorgung abgeschlossen ist, sind die Nester zweifelsfrei an den charakteristischen Verschlüssen zu erkennen. Typisch sind auch die Beutetiere: Im Weinbauklima werden Weinhähnchen (*Oecanthus pellucens*), andernorts Larven der Südlichen Eichenschrecke (*Meconema meridionale*) als Larvenfutter eingetragen. Die Entwicklung der Larven verläuft rasch, da das Larvenfutter in nur wenigen Tagen verzehrt ist. Danach spinnen sich die Larven in einem weißen Kokon ein, in dem sie überwintern. Die weitere Entwicklung über das Puppenstadium bis zur Imago findet erst im Folgejahr statt (bei einer oder der partiellen 2. Generation).

Blütenbesuch: Beide Geschlechter besuchen zum Nektarerwerb gern Doldenblütler wie Feld-Mannstreu (*Eryngium campestre*) und Flachblättrigen Mannstreu (*Eryngium planum*).

Phänologie: Die Flugzeit erstreckt sich von Juli bis September. Unter günstigen Bedingungen gibt es in manchen Jahren eine 2. Generation.

Anmerkung: An den bisher bekannten Fundorten konkurriert die Art mit der Asiatischen Mörtelbiene um Nistplätze.

Mannstreuarten sind besonders beliebte Nektarquellen.

Ein Weibchen beim Eintragen einer Larve der Südlichen Eichenschrecke (oben) und beim Verschließen des Nestes mit einem dürren Grasblatt (unten).

Oben: Ein typischer Nestverschluss aus Grasblättern in einer Nisthilfe mit einer Bohrung von 8 mm Durchmesser. Nicht immer ragen die Grasblätter aus dem Hohlraum so weit heraus. Unten: *Isodontia mexicana* nistet in allerlei vorgefundenen Hohlräumen.

Zwei Nester in einem Gang von 8 mm Durchmesser in einem frühen Stadium, in dem die Beutetiere gefressen werden (oben), und nach dem Verzehr des Larvenfutters mit ausgewachsenen oder bereits eingesponnenen Larven (unten). Die Zwischenwände zwischen den einzelnen Brutzellen bestehen aus dicht gepackten Grasblättern.

Falten-Erzwespen, Goldwespen, Keulenwespen

Leucospis dorsigera – Leucospididae
Die Falten-Erzwespe schmarotzt vor allem bei Mauerbienen (*Osmia*) und Wollbienen (*Anthidium*).

Chrysura austriaca – Chrysididae
Diese seltene Goldwespe ist eine Kuckuckswespe der Mauerbienen *Osmia adunca* und *Osmia anthocopoides*.

A und B *Sapyga clavicornis* – Sapygidae
Diese Keulenwespe ist ein häufiger Brutparasit der Hahnenfuß-Scherenbiene (*Chelostoma florisomne*). Das Weibchen (rechts) ist daran gut zu erkennen, dass es nach dem Inspizieren eines Nestes über dem Nesteingang schwänzelt. Links das Männchen.

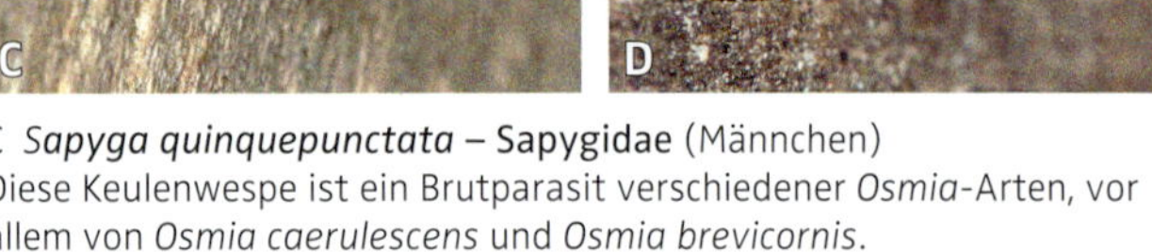

C *Sapyga quinquepunctata* – Sapygidae (Männchen)
Diese Keulenwespe ist ein Brutparasit verschiedener *Osmia*-Arten, vor allem von *Osmia caerulescens* und *Osmia brevicornis*.

D *Sapygina decemguttata* – Sapygidae (Weibchen)
Diese Keulenwespe ist ein Brutparasit der Löcherbienen *Heriades truncorum* und *Heriades crenulata*.

Bunt-, Öl- und Diebskäfer, Wollschweber, Tau- und Fleischfliegen, Zwerg-Erzwespen, Milben

A *Trichodes alvearius* – Cleridae
Der Bienenwolf, ein Buntkäfer, ist ein häufiger Raubschmarotzer bei verschiedenen Stechimmen. Die rosaroten Larven überstehen lange Hungerzeiten und brauchen mitunter 2–3 Jahre für die Entwicklung.

B *Anthrax anthrax* – Bombyliidae
Dieser fast ganz schwarze Wollschweber (Trauerschweber) ist ein Raubschmarotzer verschiedener Stechimmen.

C *Sitaris muralis* – Meloidae
Dieser Ölkäfer ist ein seltener Schmarotzer der Frühlings-Pelzbiene (*Anthophora plumipes*).

D *Cacoxenus indagator* – Drosophilidae
Die winzige Taufliege ist ein häufiger Futterschmarotzer der Rostroten Mauerbiene (*Osmia bicornis*), vereinzelt auch der Gehörnten Mauerbiene (*Osmia cornuta*) in der zweiten Hälfte ihrer Flugzeit. Die hier stark vergrößerte Fliege ist nur 2 mm groß.

E *Ptinus sexpunctatus* – Ptinidae
Der winzige Diebskäfer ist ein Kommensale (Mitesser) in älteren Nestern von Mauerbienen, wo seine Larven von den Pollenresten leben.

F *Miltogramma punctatum* – Calliphoridae
Diese Fleischfliege ist regelmäßig an Steilwänden zu beobachten, wo sie ein Raubparasit der Buckel-Seidenbiene (*Colletes daviesanus*) ist.

G Milben – Acari
Ein Weibchen der Gehörnten Mauerbiene (*Osmia cornuta*) ist über und über mit den Nymphen (Jugendstadien) einer Milbe bedeckt. Milben können in den Bienennestern harmlose Gäste sein, aber auch als Parasiten erhebliche Verluste verursachen.

H *Melittobia acasta* – Eulophidae
Neben vier Weibchen der Zwerg-Erzwespe ist auf dem Bild (Mitte rechts) auch ein braunes Männchen mit stark verbreitertem Fühlerschaft zu sehen. Die Körpergröße dieser Zwerg-Erzwespen beträgt kaum mehr als 1 mm. Die Art tritt bei verschiedenen Hautflüglern als Raubparasit auf und ist in Laborzuchten sehr gefürchtet.

Stechen Wildbienen?

Der Stachel der Bienen und verwandter Hautflügler leitet sich stammesgeschichtlich aus einem Organ zur Eiablage ab. Deshalb haben nur die Weibchen einen Stachel.

Ein Weibchen einer Falten-Erzwespe (*Leucospis dorsigera*) treibt seinen Legebohrer (Pfeil) in das Holz, um in die Brutzelle einer Mauerbiene ein Ei abzulegen. Im Innern der Brutzelle wird die Erzwespen-Larve nach dem Schlüpfen die ausgewachsene Bienenlarve aussaugen.

Für einige parasitische Hautflüglergruppen wie Schlupf- und Erzwespen ist ein Legebohrer für die Eiablage charakteristisch (siehe obiges Foto). Daher heißen diese Hautflügler auch „Legimmen". Bei den meisten „Stechimmen" ist der Legebohrer zu einem Stachel umgewandelt, der mit einer Giftdrüse verbunden ist. Mit Hilfe des Stachels werden Sekrete dieser Drüse in das Opfer injiziert. Bei den Beutejägern wie Grab- und Wegwespen dient ein Stich der Lähmung der Beutetiere, mit denen die Larven versorgt werden. Der Stachel hat aber auch die Funktion eines Wehrstachels. Bei den Bienen hat er eine reine Verteidigungsfunktion oder ist – wie bei stachellosen Bienen – gänzlich zurückgebildet. Das Gift ist bei den einzelnen Stechimmen-Gruppen unterschiedlich zusammengesetzt. Vor allem das Gift der Honigbiene und das sozialer Faltenwespen, sehr selten auch das von Hummeln, kann bei allergischen Menschen stärkere Reaktionen auslösen (anaphylaktischer Schock). Wer von diesem Risiko weiß, sollte stets ein Notfallset bei sich haben und sich von entsprechenden Situationen (Honigbienenstock, Wespennest) fernhalten. Gegebenenfalls kann eine vom Facharzt durchgeführte Hyposensibilisierung (Immuntherapie) sinnvoll sein und schweren Reaktionen vorbeugen, weil der Körper behutsam an das Insektengift gewöhnt wird.

Eine Königin der Baumhummel, die ihr Nest gerne in dunklen Ecken auf Dachböden oder in Vogelnistkästen anlegt. Da die Arbeiterinnen einen Störenfried mit Stichen zu vertreiben versuchen, ist die Art für die Naturpädagogik nicht geeignet.

Die Ackerhummel hingegen kann man aufgrund ihrer Friedfertigkeit gefahrlos in Nistkästen beherbergen. Die Entwicklung des Volkes kann man dann aus nächster Nähe beobachten.

Die meisten Wildbienen, wie z.B. die schwarz-gelbe Garten-Wollbiene, kann man gefahrlos aus nächster Nähe betrachten, wenn man sie z.B. vorsichtig auf einen Finger krabbeln lässt. Nur drücken sollte man sie nicht. Hier saugt ein Weibchen den Schweiß vom Arm des Autors.

Alle Arten der Solitärbienen, der sozialen Furchen- und Schmalbienen und der Kuckucksbienen sowie fast alle Hummelarten sind völlig friedfertig gegenüber Menschen und Haustieren. Von sich aus stechen sie nie, es sei denn, man packt ein Weibchen mit den Fingern und bringt es dadurch in Bedrängnis. Und selbst dann ist ein Stich viel harmloser als der einer Honigbiene oder bestimmter Wespen. Da der Stachel nicht in der Haut verbleibt und nur eine geringe Menge an Gift abgegeben wird, verschwindet der nur leicht brennende Schmerz meist nach wenigen Minuten ohne Schwellung.

Zahlreiche Bienen verteidigen ihre Nester gegenüber eindringenden Insekten, z. B. Nestkonkurrenten der eigenen Art oder Räubern und Parasiten. Gegenüber Menschen zeigen lediglich die Honigbiene, die Baumhummel und Erdhummelarten ein Verteidigungsverhalten bei Störungen im Nestbereich. Die übrigen Bienen verteidigen ihre Brut nicht, selbst wenn man sich an Stellen aufhält, wo Tausende von Weibchen dicht beieinander nisten.

Bei den anderen heimischen Bienen kommt es nur sehr selten und nur dann zu einem Stich, wenn sich die Weibchen individuell bedroht fühlen, z. B. wenn man die Tiere zwischen den Fingern drückt, mit bloßen Füßen auf sie tritt oder sie zwischen Bekleidung und Haut geraten. Während die Stiche von Honigbienen wie die der staatenbildenden Wespen auch bei nicht allergischen Menschen schmerzhaft sind sowie juckende Rötungen und Schwellungen erzeugen, verursacht ein Stich der meisten Wildbienen nur einen geringen und nur wenige Minuten anhaltenden Schmerz. Der Hautkontakt mit Brennnesseln ist wesentlich unangenehmer. Bei vielen Wildbienen, z. B. bei Sandbienen (*Andrena*), ist der Stachel aber zu schwach, um damit die ledrige menschliche Haut zu durchdringen.

Bei der Honigbienen-Arbeiterin bleibt der Stechapparat beim Stich in die menschliche Haut hängen, reißt aus dem Bienenkörper heraus und pumpt selbständig die gesamte Giftmenge in die Einstichstelle. Deshalb ist die Wirkung auch viel stärker als bei anderen Bienenarten. Eine Honigbiene kann deshalb nur einmal stechen und stirbt an den Verletzungen, die durch das Herausreißen des Stachels im Hinterleib entstehen. „Zwetschgenkuchen-Wespen" können im Gegensatz zur Honigbiene ihren mit Widerhaken versehenen Stachel wieder herausziehen. Der Grund: Die Kanten der Stechborsten sind scharf genug, die elastischen Fasern der Haut zu durchtrennen. Es gibt sogar Bienen, bei denen der Stachel im Laufe der Evolution „verlorenging": Die Stachellosen Bienen der Tropen verteidigen sich durch Bisse oder durch die Abgabe von klebrigen Sekreten.

In einem Kindergarten wurde im Verlauf von sechs (!) Jahren kein einziges Kind gestochen, obwohl die Kinder während der mehrwöchigen Brutzeit der Efeu-Seidenbiene regelmäßig in nächster Nähe der Nester (neben dem rot-weißen Band) spielten.

Die Tafel zeigt das Treiben verschiedener Bienenarten im Frühling bei Jena im Jahr 1904, wo der Apidologe Heinrich Friese (Verfasser des Werks „Die europäischen Bienen") zeitweise lebte. Oben sind die männlichen Blüten einer Weide zu sehen, die reichlich gelben Pollen liefern, unten die weiblichen Blüten, die als Nektarquelle eine Rolle spielen.

Fig. 1: Ein Nest der Rostroten Mauerbiene (*Osmia bicornis*, bei Friese *Osmia rufa*) in einem Schilfrohrstängel mit einem Männchen im Nesteingang und dem Weibchen rechts daneben. Fig. 2: Schutzbau des Nests der Zweifarbigen Schneckenhaus-Mauerbiene (*Osmia bicolor*) aus Kiefernnadeln, mit dem das Schneckenhaus verborgen wird. Fig. 3: Lebensbild der Goldenen Schneckenhaus-Mauerbiene (*Osmia aurulenta*) mit einem Nest im Gehäuse der Weinbergschnecke (*Helix pomatia*); Zellen aus zerkauten Blätten der Erdbeere (oben). Links zwei Goldwespen (*Chrysis trimaculata*), am Nesteingang rechts eine Schlupfwespe, beides Schmarotzer der Mauerbiene.

Service

Die Lebensweise der Bienen hat immer wieder aufs Neue die Menschen fasziniert, die sich mit diesen Insekten beschäftigt haben. Die große Mannigfaltigkeit der Nestbauten und Brutfürsorgehandlungen belegen auch Tausende kleinere und größere Abhandlungen, in denen verschiedenste Autoren ihre Beobachtungen aufgezeichnet und der Nachwelt hinterlassen haben. Wichtige Werke sind nachfolgend genannt. Manche sind vergriffen, können aber aus Bibliotheken entliehen oder antiquarisch erworben werden. Ebenfalls aufgeführt sind neuere Bestimmungswerke und Naturführer sowie weitere lesenswerte Bücher und Veröffentlichungen zum Thema Wildbienen und deren Schutz. Um einen guten Überlick über das Fachgebiet der (Wild-)Bienenkunde zu erlangen, ist es ratsam, sich die Literatur nach und nach zu erschließen. Größere Bibliotheken können bei der Ausleihe Unterstützung leisten. Grundsätzlich zu empfehlen ist auch, den Kontakt zu anderen Wildbienenkennern zu suchen, die helfen können, die ersten Hürden zu überwinden.

Zusammenfassende Werke

Friese, H. (1923): Die europäischen Bienen. Aus dem Leben und Wirken unserer Blumenwespen.

1923 hat Friese in seinem Werk „Die europäischen Bienen" das bis dahin bekannte Wissen einem größeren Leserkreis auf verständliche Weise präsentiert. Obwohl nicht alles, was darin steht, heutigen Erkenntnissen entspricht, ist dieses deutschsprachige Werk wegen seiner Beschreibungen der Lebensweise heimischer Bienen immer noch von hohem fachlichem Wert. Die auf der linken Seite gezeigten Tafeln sind mit 31 weiteren Tafeln und 100 Abbildungen in seinem Werk enthalten. Sie stammen von dem Jenaer Lithographen Adolf Giltsch (1852–1911).

Michener, C.D. (2007): The Bees of the World. 2. Auflage, Baltimore and London (The John Hopkins University Press).

Dieses umfassende Werk in englischer Sprache des weltweit besten Kenners der Bienen beschäftigt sich hauptsächlich mit der Systematik und Taxonomie der Bienen und beschränkt sich hinsichtlich der Biologie auf die wichtigsten Angaben. Die 2. Auflage behandelt nicht nur 1200 Gattungen mit weltweit rund 17 000 Arten, sondern ist auch mit über 500 Zeichnungen und Fotos illustriert.

Westrich, P. (1990): Die Wildbienen Baden-Württembergs. 2 Bände. 2., verb. Auflage. 972 S., 496 Farbfotos. Stuttgart (E. Ulmer).

Westrich, P. (2019): Die Wildbienen Deutschlands. 2. Auflage. 824 S., 1700 Farbfotos. Stuttgart (E. Ulmer).

Wiesbauer, H. (2023): Wilde Bienen. Biologie, Lebensraumdynamik und Gefährdung. Artenporträts von über 510 Wildbienen Mitteleuropas. 3., erweiterte und aktualisierte Auflage. 528 S. Stuttgart (E. Ulmer).

Bestimmungsliteratur, Naturführer

Amiet, F., Müller, A. & Praz, C. (2017): Hymenoptera Apidae 1. Allgemeiner Teil, Gattungen. *Apis*, *Bombus*. Insecta Helvetica Bd. 29, 187 S.

Dieser und die folgenden Bände sind mit zahlreichen, für die Bestimmung sehr hilfreichen Zeichnungen von F. Amiet versehen.

Amiet, F., Müller, A. & Neumeyer, R. (2014): Apidae 2. *Colletes*, *Dufourea*, *Hylaeus*, *Nomia*, *Nomioides*, *Rhophitoides*, *Rophites*, *Sphecodes*, *Systropha*. Fauna Helvetica 4, 239 S.

Amiet, F., Herrmann, M., Müller, A. & Neumeyer, R. (2001): Apidae 3. *Halictus*, *Lasioglossum*. Fauna Helvetica 6, 208 S.

Amiet, F., Herrmann, M., Müller, A. & Neumeyer, R. (2004): Apidae 4. *Anthidium*, *Chelostoma*, *Coelioxys*, *Dioxys*, *Heriades*, *Lithurgus*, *Megachile*, *Osmia*, *Stelis*. Fauna Helvetica 9, 273 S.

Amiet, F., Herrmann, M., Müller, A. & Neumeyer, R. (2007): Apidae 5. *Ammobates*, *Ammobatoides*, *Anthophora*, *Biastes*, *Ceratina*, *Dasypoda*, *Epeoloides*, *Epeolus*, *Eucera*, *Macropis*, *Melecta*, *Melitta*, *Nomada*, *Pasites*, *Tetralonia*, *Thyreus*, *Xylocopa*. Fauna Helvetica 20, 356 S.

Amiet, F., Herrmann, M., Müller, A. & Neumeyer, R. (2010): Apidae 6. *Andrena*, *Melitturga*, *Panurginus*, *Panurgus*. Fauna Helvetica 26, 317 S.

Amiet, F. & Krebs, A. (2019): Bienen Mitteleuropas – Gattungen, Lebensweise, Beobachtung. 423 S. Haupt Verlag, Bern, Stuttgart, Wien.

Rund 170 Arten werden in Wort und Bild vorgestellt. Der Einleitungsteil informiert über Biologie und Ökologie der Bienen, über Gefährdungs- und Schutzmaßnahmen sowie über Beobachtungs- und Untersuchungsmethoden. Er wird durch einen Gattungs-Bestimmungsschlüssel ergänzt.

Bellmann, H. & Helb, M. (2017): Bienen, Wespen, Ameisen. Staatenbildende Insekten Mitteleuropas. 130 Arten. Kosmos Naturführer 3. Aufl. 336 S., 400 Farbfotos. Stuttgart (Franck-Kosmos).

Dathe, H.H., Scheuchl, E. & Ockermüller, E. (2016): Illustrierte Bestimmungstabelle für die Arten der Gattung Hylaeus F. (Maskenbienen) in Deutschland, Österreich und der Schweiz. Entomologica Austriaca, Supp. 1, 51 S.

Falk, S. & Lewington, R. (2018): Field Guide to the Bees of Great Britain and Ireland. 432 S. London (Bloomsbury Publishing).

Gokcezade, J.F., Gereben-Krenn, B.-A. & Neumayer, J. (2017): Feldbestimmungsschlüssel für die Hummeln Deutschlands, Österreichs und der Schweiz. 55 S. Wiebelsheim (Quelle & Meyer).

Hagen, E. von & Aichhorn, A. (2014): Hummeln bestimmen, ansiedeln, vermehren, schützen. 6. Aufl., 360 S., 200 Farbfotos, 130 Farbzeichnungen. Nottuln (Fauna-Verlag).

Lindermann, L., Grabener, S., Fornoff, F., Hopfenmüller, S., Schilele, S., Stahl, J. & Dieker, P. (2023): Wildbienen und Wespen in Nisthilfen bestimmen: Ein Bestimmungsschlüssel für Deutschland. Ratgeber. 132 S. Braunschweig (Thünen-Institut für Biodiversität). DOI:10.3220/MX1685523077000

Michez, D., Rasmont, P., Terzo, M. & Vereecken, N.J. (2019): Hymenoptera of Europe 1. Bees of Europe. 547 S. Verrières le Buisson (N.A.P. Editions).

Petrischak, H. (2021): Welche Wildbiene ist das? 128 S., Kosmos-Naturführer. Stuttgart (Franck-Kosmos).

Rasmont, P., Ghisbain, G. & Terzo, M. (2021): Bumblebees of Europe and neighbouring regions. Hymenoptera of Europe 3. 632 S. Verrières le Buisson (N.A.P. Editions). ISBN 978-2-913688-38-4 (in Englisch und Französisch).

Scheuchl, E. (2000): Illustrierte Bestimmungstabellen der Wildbienen Deutschlands und Österreichs. Band I: Anthophoridae. 2., erweiterte Auflage, 158 S.

Scheuchl, E. (2006): Illustrierte Bestimmungstabellen der Wildbienen Deutschlands und Österreichs. Band II: Megachilidae Melittidae. 2., erweiterte Auflage, 192 S.

Schmid-Egger, C. & Scheuchl, E. (1997): Illustrierte Bestimmungstabellen der Wildbienen Deutschlands und Österreichs. Band III: Andrenidae. 180 S.

Smit, J. (2018): Identification key to the European species of the bee genus Nomada Scopoli, 1770 (Hymenoptera: Apidae), including 23 new species. Entomofauna, Monographie 3: 1-253. Ansfelden.

Vereecken, N. (2019): Wildbienen entdecken & schützen. 191 S. Gräfe und Unzer Verlag (München).

Voskuhl, J. & Zucchi, H. (2020): Wildbienen in der Stadt entdecken, beobachten, schützen. 256 S. Bern (Haupt Verlag).

Westrich, P., Frommer, U., Mandery, K., Riemann, H., Ruhnke, H., Saure, C. & Voith, J. (2012): Rote Liste und Gesamtartenliste der Bienen (Hymenoptera, Apidae) Deutschlands. 5. Fassung, Stand Februar 2011. Naturschutz und Biologische Vielfalt 70 (3), 2012 (2011), S.373-416. Bundesamt für Naturschutz.

Vereecken, N. (2019): Wildbienen entdecken & schützen. 191 S. München (Gräfe und Unzer Verlag).

Voskuhl, J. & Zucchi, H. (2020): Wildbienen in der Stadt entdecken, beobachten, schützen. 256 S. Bern (Haupt Verlag).

Westrich, P., Frommer, U., Mandery, K., Riemann, H., Ruhnke, H., Saure, C. & Voith, J. (2012): Rote Liste und Gesamtartenliste der Bienen (Hymenoptera, Apidae) Deutschlands. 5. Fassung, Stand Februar 2011. Naturschutz und Biologische Vielfalt 70 (3), (2011), S. 373-416. Bundesamt für Naturschutz.

Witt, R. (2009): Wespen. 400 S. Oldenburg (Vademecum-Verlag).

Weitere lesenwerte Schriften

Heuberger, K. (2023): Mein wilder Meter. Balkon und Topfgarten naturnah gestalten. Tiere beobachten aus nächster Nähe. 160 S. Darmstadt (Pala-Verlag).

Hilgenstock, F. & Witt, R. (2017): Das Naturgartenbau-Buch. 408 S. Regensburg (Naturgarten-Verlag).

Martin, H.-J. (2020): „Deutsche" Tier- und Pflanzennamen. Eucera 14: 16–20.

Ohl, M. (2015): Die Kunst der Benennung. 317 S. Berlin (Matthes & Seitz).

Schmid-Egger, C. & Witt, R. (2014): Ackerblühstreifen für Wildbienen – Was bringen sie wirklich? Ampulex 6: 13–22.

Witt, R. (2017): Das Wildpflanzen Topfbuch. Ausdauernde Arten für Balkon, Terrasse und Garten. Regensburg (Naturgarten-Verlag).

Zurbuchen, A. & Müller, A. (2012): Wildbienenschutz – von der Wissenschaft zur Praxis. 162 S. Bern (Haupt Verlag).

Bezugsquellen

Wildblumenmischungen für Wildbienen und Wiesen
www.syringa-pflanzen.de

Samen für naturnahe Begrünung
www.rieger-hofmann.de

Zertifiziertes Regiosaatgut
www.saaten-zeller.de

Stauden: Staudengärtnerei Gaißmayer
www.gaissmayer.de

Nist- und Beobachtungshilfen, Hummelklappen
Manfred Frey
www.wildbienenschreiner.de

Bambusröhren
www.forthenature.eu

Schilfhalme, Pappröhrchen, Beobachtungsnisthilfen
Dr. Mike Herrmann
www.mauerbienen-shop.com

Nisthilfen aus Holz und gebranntem Ton, Steilwandmehl
Volker Fockenberg
www.wildbiene.com

Hummelnistkästen aus Holzbeton und andere Nisthilfen
Schwegler Vogel- u. Naturschutzprodukte GmbH
www.schwegler-natur.de

Hummelnistkästen (Bezug und Bauanleitung)
Jan Gubisch
https://hummeltischler.de

Zementfaserkästen
www.greenbop.de

Pflanzsteine
www.kann-bausysteme.de

Strangfalzziegel
Kemmler, Baustoffe und Fliesen
www.kemmler.de

Interessante Internetquellen

www.wildbienen.info
Seit 2005 pflegt der Autor eine stetig wachsende Plattform mit dem Titel „Faszination Wildbienen". Ihr Sinn und Zweck ist, über die wegen ihrer biologischen Vielfalt so faszinierende Tiergruppe in attraktiver und verständlicher Weise zu informieren und für sie zu werben.

www.wildbienen.de
Eine umfangreiche Plattform mit zahlreichen Fotos, Informationen zur Lebensweise sowie bebilderten Anleitungen zur Ansiedlung und Förderung von Wildbienen einschließlich Hummeln. Autor und Domain-Inhaber ist H.-J. Martin, der von Partnern mit Fotos und Informationen unterstützt wird.

www.wildbienenwelt.de
Wildbienenplattform des Verlags Eugen Ulmer.

www.wildbienen-kataster.de
Wildbienen-Datenbank für Baden-Württemberg mit Nachweiskarten (Raster der topographischen Karten im Maßstab 1:25 000).

https://wildermeter.de/
Ein Online-Magazin für einen insektenfreundlichen Natur-Balkon (Redaktion: Katarina Heuberger).

https://pollenhoeschen.de
Eine Plattform zum Thema Hummeln mit der Möglichkeit, in einem Hummel-Forum Fragen zu stellen und zu diskutieren.

www.discoverlife.org/mp/20q?guide=Apoidea_species
Interaktive Enzyklopädie zu Taxonomie, Naturkunde, Verbreitung, Häufigkeit und Ökologie der bislang weltweit beschriebenen Bienenarten.

www.iNaturalist.org
Ein auf Naturbeobachtung basierendes Netzwerk, in dem nicht nur Fotos von Pflanzen und Tieren geteilt werden können, sondern das auch hilft, Arten auf eigenen Fotos zu bestimmen.

https://naturgarten.org
Plattform des Vereins für naturnahe Garten- und Landschaftsgestaltung e.V.

www.ampulex.de
Ampulex – Zeitschrift für aculeate Hymenopteren.

Register

Die Nomenklatur in diesem Buch folgt dem Buch „Die Wildbienen Deutschlands" (Westrich 2019). In neueren Bestimmungswerken und in dem Werk von Michener (2007) sowie aufgrund taxonomischer Revisionen und unterschiedlicher Auffassungen zu den Abgrenzungen einiger Gattungen werden teilweise unterschiedliche Namen für ein und dieselbe Bienenart verwendet. Entsprechende Synonyme sind mit Verweis auf den in diesem Buch verwendeten Namen im Register enthalten.

A

B

C

Der Autor

Dr. Paul Westrich studierte Biologie an der Universität Tübingen, wo er 1979 auch promoviert wurde. Mit seinen Werken „Die Wildbienen Baden-Württembergs" und „Die Wildbienen Deutschlands" machte er die Wildbienen einer breiten Öffentlichkeit bekannt.
Seit über 50 Jahren erforscht er diese Insektengruppe und gibt sein Wissen in zahlreichen Publikationen und Vorträgen weiter. In Würdigung seiner grundlegenden Arbeiten über Wildbienen wurde er 1999 mit der Meigen-Medaille der Deutschen Gesellschaft für allgemeine und angewandte Entomologie und 2022 mit dem Verdienstorden des Landes Baden-Württemberg ausgezeichnet.

Bildquellen

Alle Fotos, auch das Coverfoto, stammen vom Autor mit Ausnahme des Fotos auf S. 207: Lucia Westrich

Impressum

Bibliografische Information der Deutschen Nationalbibliothek
Die Deutsche Nationalbibliothek verzeichnet diese Publikation in der Deutschen Nationalbibliografie; detaillierte bibliografische Daten sind im Internet über http://dnb.d-nb.de abrufbar.

Wollgrasweg 41, 70599 Stuttgart (Hohenheim)
E-Mail: info@ulmer.de
Internet: www.ulmer-verlag.de
Lektorat: Ina Vetter, Ulf Müller
Herstellung: Birgit Heyny
Umschlag-Gestaltung: Verlag Eugen Ulmer
Satz: Fotosatz Buck, Kumhausen/mit Satzdaten von Dr. Paul Westrich
Druck und Bindung: Firmengruppe APPL, aprinta druck, Wemding
Printed in Germany

FSC www.fsc.org MIX Papier | Fördert gute Waldnutzung FSC® C004592

ISBN 978-3-8186-2086-8